物理化学实验指导

主　编　蒋智清（福建医科大学）

副主编　杨鑑锋（福建医科大学）

编　者　张　倩（福建医科大学）

　　　　李春艳（福建医科大学）

　　　　兰建明（福建医科大学）

厦门大学出版社

图书在版编目(CIP)数据

物理化学实验指导/蒋智清主编. —厦门:厦门大学出版社,2014.3
ISBN 978-7-5615-4960-5

Ⅰ.①物… Ⅱ.①蒋… Ⅲ.①物理化学－化学实验－高等学校－教学参考资料 Ⅳ.①O64－33

中国版本图书馆 CIP 数据核字(2014)第 049936 号

厦门大学出版社出版发行

(地址:厦门市软件园二期望海路 39 号 邮编:361008)

http://www.xmupress.com

xmup @ xmupress.com

南平市武夷美彩印中心印刷

2014 年 3 月第 1 版 2014 年 3 月第 1 次印刷

开本:720×970 1/16 印张:11.25

字数:184 千字 印数:1～2 000 册

定价:28.00 元

如有印装质量问题请与承印厂调换

内容简介

本实验指导根据《高等学校药学本科专业规范》(2010 年讨论稿)和福建医科大学《物理化学实验大纲》(2013 版)的要求编写,内容包括与药学专业有关的化学热力学、化学动力学、电化学、表面现象及胶体等 14 个实验。本教材详细说明了物理化学实验中涉及的基本操作技能及相关仪器的使用方法,附录中列出实验所需的物理化学数据,以便读者查阅。

本书可作为药学及相关专业的本科实验教材,亦可供从事化学、食品、检验、生物等教学、科研人员参考。

前　言

物理化学是药学教育中一门重要的专业基础课,物理化学实验是建立在物理学、无机化学、分析化学、有机化学等实验课基础上的一门综合性化学实验课程,为学生在后续课程的学习及科学工作打下重要的基础。

本教材的出版,正值我校药学类专业实验课程改革之际,物理化学实验自2012年级开始独立开课,在我校教务部门和厦门大学出版社的大力支持下,遂有本教材的编写出版。1986年,我校检验专业物理化学实验正式开课,后因教学改革,检验专业不再开设物理化学课程而中断数年。2000年我校开始药学专业的招生,物理化学实验恢复开设至今,逐渐形成符合我校特色的物理化学实验课程体系和培养方案,受到各届学生的欢迎。我校物理化学实验课程历经几代教师的建设,陈元麒、戴伯川、黄双路、郑莲英、林立、罗红斌、李光文等都做了大量工作,所以本教材饱含了众多教师的智慧结晶和历届学生的贡献,诸位编者有幸主持和参与本教材的编写并出版,倍感荣幸与责任重大。

随着教育改革深化,及单个实验课时的压缩和现代教学手段的应用,学生们希望有一本契合我校实际,能够有效指导他们学习、实验和未来相关工作的物理化学实验指导书,所以我们在本书编排中列入物理化学实验基础知识、物理化学实验操作技能及相关仪器简介、物理化学实验内容、物理化学实验常用数据四个部分。在物理化学实验基础知识部分,简要介绍了物理化学实验的安全知识和误差理论,希望能切实指导学生安全实验,正确进行实验数据的处理、表达和误差分析,培养学生严谨求实的工作作风,提高他们数据处理的能力,培养他们深入思考的习惯。在物理化学实验操作技能及相关仪器简介部分,我们对十种常用的物理化学实验基本操作的原理、方法、仪器构造、使用及其注意事项作了详细说明,希望学生在充分预习和教师指导下,熟练掌握这些基本操作技能。在物理化学实验内容中,我们选择14个实验,每个实验包括实验目的、实验原理、仪器药品、实验步骤、数据处理、实验指导六个方面,特别在实验指导中详细介绍了学生在实验前、实验中和实验后应该做的工作和注意事项,让学生真正成为实验教学的主体,能够有效而主动地投入到物理化学实验的教学中,提高实验教学的质量。附录部分列出了本教材可能用到的部分物理化学数据,供学生查阅参考。本教材在编写时力争做到内容的基础性、科学性、完整性和实用性,在保证物理化学实验的基础作用的同时,强调物理化学与药学间的联系。本教材可供高等医药院校药学类本科学生使用,也可供食品类、检验类、生物类专业从事物理化学教学的教师参考。

本教材第一部分由蒋智清、杨鑑锋、李春艳编写。第二部分主要由蒋智清编写,四位编者提供了丰富的文字材料供参考。第三部分具体实验的编者列于内容后,其中各个"实验指导"中的"预习要求"和"注意事项"部分由蒋智清编写。第四部分由蒋智清整理核对。本教材插图全部由蒋智清绘制或整理。

本教材的编写是在本校多年使用的自编教材的基础上进行的,编写时参考了部分已出版的高等学校教材、相关著作及科研文献,从中借鉴了许多有益的内容,没有在参考文献一一列出,在此向有关的作者和出版社表示感谢。限于编者水平,本书虽经反复修改,难免还有错误和不当之处,恳请专家和使用本书的教师、学生提出宝贵意见,以便重印或再版时予以改正。

蒋智清

2014 年 4 月

福建医科大学

目 录

第一部分 物理化学实验基础知识

1.1 物理化学实验课程的目的与基本要求

一、物理化学实验课程的目的

化学是一门应用学科,已广泛渗透到医学、药学领域,化学实验方法已融入并成为了许多医药学科的重要组成部分。所以,化学实验是药学人才培养中十分关键的环节,无论在全面理解化学学科理论,还是基本实验技能的掌握、综合和设计实验能力的训练,乃至药学人才创新能力、综合素质的培养中都起重要作用。

物理化学是药学教育中一门重要的专业基础课,药学类专业的物理化学实验课程一般在大学二、三年级开设,前期已学习了无机化学、有机化学、分析化学实验的相关课程,接受化学实验的基本操作技能、基本反应、基本仪器使用及实验综合应用能力的训练,后续马上就进入药学专业课程学习的阶段,物理化学及实验在此承前启后的关键节点上,既肩负着对前期实验能力综合提高的任务,又为后续课程提供了必要的理论和实验基础。

物理化学实验一般涵盖对重要的物理化学理论如化学热力学、化学动力学、胶体化学、电化学和表面化学等的理解和加深的相关实验,让学生在实验中体会化学反应的能量变化,学会判断化学反应的进程和反应方向,并利用外界条件实现对化学反应的影响和调控。在经典物理化学实验中,学生学会观察、分析、联想;在综合实验训练中学习面对一个问题时如何通过寻找相互间的联系进行联想、思维、分析、归纳;在设计实验训练中,培养学生面对一个复杂的问题时,如何利用已知的理论和实验技能,利用文献等其他工具,实现研究性实验的可行性设计,并自主完成整个实验过程,实现不同程度的部分创新。

二、物理化学实验课程的基本要求

1. 实验课前必须认真按"实验指导"进行预习,明确实验目的,透彻理解实验所依据的基本理论、方法和原理,熟悉仪器的原理、性能、使用及注意事项,了解实验具体过程,思考实验步骤的设计逻辑,清楚所需测量和记录的数据,提前分析实验误差所在。通过预习做到对整个实验心中有数,在此基础上写出预习报告在实验前提交指导教师审阅。

2. 实验中应严格按照操作规程和步骤进行,仪器装置、线路安装好后,需经指导教师检查无误,方能接通电源进行下一步实验。若确有改动的必要,需事先取得指导教师同意。注意保护仪器,节约药品,仪器应排放整齐合理,时刻保持实验室安静,养成良好的实验习惯。遇有仪器损坏,应立即报告,检查原因,并登记损坏情况。

3. 实验是培养学生动手能力与科研素质的有效途径,需要严谨的科学态度。实验中要善于发现问题,提出问题,解决问题。要严格控制实验条件,仔细观察,积极思考,准确记录。原始数据包括实验日期、合作者、室温、气压、仪器、试剂、现象、数据、发现问题等,不得用铅笔记录,更不能涂改。实验结束前做好清洁、整理工作,实验数据经审查、实验仪器和用品经验收,指导教师签字同意后才能离开实验室。

4. 实验报告是实验工作的总结,也是评价实验工作的依据,更是深入分析、积极思考的结果。认真书写实验报告是实验教学的主要内容之一,也是基本技能训练的需要和科研能力培养的过程。实验报告内容一般包括实验目的、实验原理、仪器和试剂、方法步骤、实验条件、实验数据及处理、结果与讨论、思考题回答等几个方面。实验报告的重点是实验数据的处理和对结果的分析讨论,实验数据一般列表或作图处理,计算过程要简要说明;讨论内容可以是对实验现象的分析与解释、实验误差的定量计算及原因分析、实验的心得体会、实验内容的进一步研究或实验方法、内容的改进建议,等等。每个同学必须独立完成实验报告,同组合作实验时,实验报告中的原始数据必须相同,数据处理和结果分析允许讨论,但不得抄袭。

1.2 物理化学实验室的安全知识

一、物理化学实验室的安全守则

1. 实验前应做好准备工作,对本次实验做到心中有数,充分了解实验中可能存在的危险、预防方法和事故发生后所应采取的安全措施。

2. 熟悉实验室及其周围的环境,熟悉水、电、气总开关位置,灭火器材、急救药箱的放置和使用,严格遵守实验室的安全守则和实验操作规程,发生意外事故时第一时间报告指导教师。

3. 实验时应保持安静,集中精神,认真操作,细致观察,积极思考。不得擅自离开本组实验装置,严格按照规定的实验条件、实验步骤、试剂级别和用量进行实验。指导老师允许下方能结束实验。

4. 保持实验台面、地面的干净、整洁。个人暂时不用的仪器要及时收起,精密仪器不得擅自移动。废液、废物应按规定处理,不要随意倾倒丢弃。

5. 大型精密仪器应小心使用,严格遵守操作规程。仪器使用前要认真检查,如发现部件短缺或性能不正常,立刻停止使用,及时报告指导教师。发生损坏要追查原因,并作仪器损坏登记。仪器使用完毕后,将仪器恢复原状,关闭电源,拔出插头。

6. 不得动用他人的实验仪器,公用仪器、试剂用后立即放回原处。注意节约水、电、气,严格控制药品的用量。

7. 使用电器设备时,应特别细心,切不可用湿手接触电器,开启开关。发现漏电仪器,切勿使用,及时报告。仪器装置、线路安装完毕,需经指导教师检查无误,方能接通电源进行实验。

8. 易燃、易爆物质按需领取,浓酸、浓碱等强腐蚀性及强氧化性物质使用时注意不得溅及人身。如受化学灼伤,应立即用大量水冲洗皮肤,同时脱去受污染的衣物。眼睛受化学灼伤或异物入眼,应立即用水持续冲洗 15 min 以上,严重者应立即就医。

9. 实验室中严格着装,严禁抽烟、饮食。

10. 值日同学负责整理公用器材、实验室卫生、公共废液和废物的处理,检查水、电、气、门窗,做好值日登记,在指导老师允许下方能离开。

二、物理化学实验室的安全常识

化学实验室的安全非常重要,事关人身财产安全。化学实验室常常潜藏着各种危险,如爆炸、着火、中毒、灼伤、割伤、触电、污染等事故,如何防止事故发生,以及万一发生意外如何正确处理,是每一个同学进入实验室前就必须具备的素质。除了严格遵守实验室的安全守则,下面结合物理化学实验特点简要介绍几点安全常识。

1. 安全用电

物理化学实验比较多实验涉及用电,违章用电常常可能造成人身伤亡、火灾、仪器损坏等严重事故。物理化学实验室要特别注意用电安全。特别应注意:

(1)仪器使用前,熟悉仪器使用要求,据其技术参数正确选择电源,接线正确牢固。严格按说明书操作仪器,无特殊情况不得任意断电。

(2)操作仪器时,双手保持干燥,切忌直接接触电器。所有电源的裸露部分都应有绝缘装置,已损坏的接头、插座、插头或绝缘不良的电线应及时更换。实验中必须裸露的电器部分,小心注意避免接触。

(3)安装、拆除接线务必在断电状态下进行,必须先接好线路再插上电源,由指导教师检查线路,经同意后方可打开电源开关。实验结束后及时关闭仪器电源,拔出电源插座,再拆解线路。

(4)如遇电器走火,切勿用水或可导电的酸碱泡沫灭火器灭火。应立即切断电源,用沙或二氧化碳灭火器灭火。

2. 安全使用化学药品

化学药品使用安全主要有防毒、防爆、防燃烧、防灼伤几个方面。化学试剂大多存在不同程度的毒性,实验前应了解所用试剂的性质和相关防毒措施。使用可燃性气体时保持实验室良好的通风,严禁明火,防止电火花产生。高压气体钢瓶的使用请参阅本书第二部分中"真空技术与压力测量"部分。

3. 防止化学污染

化学试剂随意排放会造成严重的环境污染。实验结束后,按照相关规定处理实验废液、废物。汞在物理化学实验室中被普遍应用,如 U 形管气压计、水银温度计、含汞电极等。汞的毒性极强,应小心操作以避免长时间或反复接触其液体或蒸气;持续暴露在汞蒸气下可导致严重的神经紊乱、失眠和抑郁。皮肤持续接触汞还可导致皮炎和肾功能损伤。汞在常温下蒸气浓度是安全浓

— 4 —

度的一百多倍,所以使用汞时,应注意不能将汞直接暴露于空气中,并在通风良好处进行。盛汞容器应有足够的强度,避免发生人为的汞泄漏或含汞仪器的损坏。一旦发生汞泄漏事故,应及时用吸汞管进行清理。少量难以触及的汞需用锌粉处理,以生成难挥发的锌汞齐。

1.3　物理化学实验的误差分析

物理化学实验,主要是通过测量系统的物理化学性质与变化规律,研究其与化学系统间的关系,揭示化学系统内的某种物理化学规律。所以,基础物理化学实验主要以系统的某些物理量测量为基本内容。对特定物理量的测量,涉及测量原理、测量方法和测量系统(包括仪器)三个基本要素。测量原理是指实现测量所依据的物理现象与物理定律的总体。测量方法是指实现测量时使用的技术方法。测量系统或测量仪器是一种具有标定特性并用于测量的装置。这三个基本要素都可能对测量的物理量引入误差。比如某物理量在测量时所依据的原理可能只得到近似结果;从测量方法讲也可能无法直接获取数据,需经多次间接测定;从测量仪器讲,需要考虑仪器的静态特性参数如标度特性、灵敏度、分辨率、重复性、准确度、线性度、变差、漂移等。所以物理化学实验中,由于实验方法、所用仪器、条件控制以及实验者的局限性,所测得的实验数据实际是带有各种误差的近似结果,需要对其进行科学的处理。一方面要估计所得数据的可靠程度并给予合理的解释;另一方面需将实验数据进行整理总结,以合理的方式表达各量间的内在关系,揭示其隐含的物理化学规律。前者需要误差理论的基础知识,包括误差分布、误差传递、误差计算等;后者则需要数据处理的表达知识,如列表、作图、数学解析、曲线拟合、计算机处理等多种方法。

一、误差的类型

测量误差(简称误差),是指某测量值与真实值的差。真实值是一个客观实在,又是无法测到的。因为一个测量过程,总存在测量方法不够完善,实际环境与规定不一致,所用仪器精度不够或出现老化,测试人员主观因素和操作技术问题等几个方面的误差。因此有必要了解误差产生的原因、出现的规律、减小误差的措施,并且学会对所得数据进行归纳、取舍等一系列数学处理方法,使测定结果尽量接近客观真实值。

根据测量误差的性质和产生的原因,可将误差分为过失误差、系统误差和偶然误差三种类型。

1. 过失误差

相同条件下重复多次测量时,明显歪曲测量结果,这类测量值称为异常值。出现过失误差的原因,可能是实验者的主观过失,仪器的误动作或测量条件的突然变化等。数据处理时首先应将异常值剔除,但不能轻易怀疑一个测量结果的合理性。我们常用莱依达准则、格拉布斯准则、狄克逊准则等予以判断。在物理化学实验中,一般测量次数少且要求保守,可采用 t 检验准则;对已知标准差的情况,可采用奈尔准则。

2. 系统误差

相同条件下重复多次测量时,绝对值保持不变,或在条件变化时按一定规律变化的误差。测量系统和测量条件保持不变,我们无法通过增加测量次数来减小系统误差。系统误差一般可以通过实验或分析,查明其变化规律和产生的原因,所以它不仅可以测量,而且可以消除。

系统误差的发现方法主要有标准器具检定、组间数据检验、组内数据检测。当发现存在显著的系统误差时,我们可设法消除:

(1)消除误差来源,这是最理想的,要求实验者对测量过程可能产生系统误差的各个环节作仔细分析,比如测量方法是否恰当,仪器是否正常,实验条件是否符合要求等。

(2)预先检定仪器的系统误差,在测量结果中加入修正值,比如温度计的检定等。

(3)改进测量方法。

3. 偶然误差

相同条件下重复多次测量时,其绝对值、符号都是无规律变化的误差。偶然误差是测量过程中各种独立的、微小的、随机的因素的综合结果。对于某一个测量值,偶然误差的大小和正负都是不确定的。但对于一系列的重复测量值,偶然误差的概率分布服从正态分布,表现出以下特征:

(1)集中性　测量次数足够多时,大量的测量值集中在平均值附件,与平均值离得越近的偶然误差出现的概率越大。

(2)对称性　绝对值相等的偶然误差出现的概率相等。

（3）抵偿性　随着测量次数的增多，偶然误差的算术平均值趋于零。这正是测量值的算术平均值不含偶然误差的原因，但不能理解为可以用算术平均值来消除偶然误差。

（4）有界性　在一定条件下，极小概率的偶然误差实际上不会出现，即偶然误差的分布范围是有限的。

二、误差的表示

1. 绝对误差和残差

由上面分析可知，在消除了系统误差和过失误差的情况下，由于偶然误差分布的对称性，在相同条件下重复进行无限次测量结果的算术平均值无限逼近真实值：

$$x_{真} = \lim_{n \to \infty} \frac{\sum_{i=1}^{n} x_i}{n} \tag{1.3.1}$$

式中，x_i——单次测量结果；

n——测量次数。

但在一般情况下，我们只作有限次的测量，所以只能用有限次测量的算术平均值代替真实值：

$$\bar{x} = \frac{\sum_{i=1}^{n} x_i}{n} \tag{1.3.2}$$

把各次测量值与真实值的差称为测量的绝对误差：

$$\delta_i = x_i - x_{真} \tag{1.3.3}$$

并把各次测量值与其算术平均值的差称为测量的残余误差（简称残差）：

$$V_i = x_i - \bar{x} \tag{1.3.4}$$

2. 实验标准差和精密度

每次测量的绝对误差的均方根称为标准误差，简称标准差：

$$\sigma = \lim_{n \to \infty} \sqrt{\frac{\sum_{i=1}^{n} \delta_i^2}{n}} \tag{1.3.5}$$

以算术平均值代替真实值，以残差代替绝对误差，此时标准差称为实验标准差：

$$S = \sqrt{\frac{\sum\limits_{i=1}^{n} V_i^2}{n}} \qquad\qquad (1.3.6)$$

如果实验标准差小,说明实验中小误差占优势,数据的分散性小,测量的可靠性大,我们说测量的精密度高。精密度指在 n 次测量值之间相互偏差的程度,在物理化学实验中常用实验标准差表示测量的精密度。

3. 极限误差

测量中可能出现的最大误差称为极限误差。在置信度 p 分布确定的情况下,极限误差 Δ 随显著性水平 α 的不同而变化。对于正态分布,标准差 σ、极限误差 Δ、置信度 p、显著性水平 α 之间关系见表 1-3-1:

表 1-3-1　极限误差 Δ、置信度 p 与显著性水平 α

Δ	p	α
$\pm\sigma$	0.682689	0.317311
$\pm2\sigma$	0.9545	0.0455
$\pm3\sigma$	0.9973002	0.0026998
$\pm4\sigma$	0.9999367	0.0000633
$\pm5\sigma$	0.9999994	0.000006

从上表可以看出,误差超过 3 倍标准差的概率分布只有 0.27%,通常把这一数值称为极限误差。由于学生实验中测量次数很少,对于单次测量误差超过极限误差($\Delta = \pm3\sigma$)的,可简单认为是由于过失误差引起的异常值,允许将其弃去。

三、误差的传递

物理化学实验中,很多物理量是间接测定的,即被测量是由几个直接测量值计算得到的,显然,实验中的每一个物理量的每一次测量的误差都全部反映在实验的最后结果中。间接测量值的测量误差可以由直接测量值的误差经数学计算求得,称为误差的传递。在计算实验的误差传递中,可以看出直接测量值的误差对最后的结果产生了什么样的影响,从而了解哪一些直接测量是误差的主要来源。如果我们事先预定了实验最后结果的误差限度(物理化学实验误差一般不能超过 3%),即可推导出各直接测量值可允许的最大误差的大小,从而决定选择何种精密度的测量仪器。显然,盲目使用精密仪器,而没有考虑各种操作的相对误差及其传递,没有考虑各种精密度仪器的相互配合,不但对提高结果的准确度无益,反而会造成仪器、药品的浪费。

计算误差传递时,由于直接测量值的误差大小和正负是已知的,我们只要将其代入直接测量值与间接测量值的函数关系式,就可以求得间接测量值的误差。如直接测量值与间接测量值的函数关系为:

$$y = f(x)$$

则间接测量值的误差为:

$$\delta_y = f(x_i + \delta_x) - f(x_i)$$

式中,δ_x——直接测量值的误差。

1. 标准差的传递

设间接标准差中只有随机标准差,而且对 x_i 进行 n 次等精度测量,可以推导出直接测量值的标准差与间接测量值的标准差有以下关系:

$$\sigma_y = \sqrt{\sum_{i=1}^{n} \left(\frac{\partial f(x)}{\partial x_i} \right)^2 \cdot \sigma_x^2} \tag{1.3.7}$$

2. 极限误差的传递

若 Δx_i 中既含有系统误差又含有偶然误差,则极限误差为:

$$\Delta y_{max} = \sum_{i=1}^{n} \left(\frac{\partial f(x)}{\partial x_i} \cdot \Delta x_{i,max} \right) \pm 3 \sqrt{\sum_{i=1}^{n} \left(\frac{\partial f(x)}{\partial x_i} \right)^2 \cdot \sigma_x^2} \tag{1.3.8}$$

3. 误差分析实例

[例1] 用测定气体的压力、体积及理想气体方程确定物理量温度。已知 $\sigma_p = \pm 13.33$ Pa,$\sigma_v = \pm 0.1$ cm^3,$\sigma_n = \pm 0.001$ mol,$p = 6665$ Pa,$V = 1000$ cm^3,$n = 0.05$ mol,$R = 8.317 \times 10^6$ cm$^3 \cdot$ Pa $\cdot$ mol$^{-1} \cdot$ K^{-1}。

因为

$$T = \frac{pV}{nR} = \frac{6665 \times 1000}{8.317 \times 10^6 \times 0.05} = 16.0 (\text{K})$$

所以

$$\sigma_T = \sqrt{\left(\frac{\partial T}{\partial p} \right)_{n,V}^2 \sigma_p^2 + \left(\frac{\partial T}{\partial n} \right)_{V,p}^2 \sigma_n^2 + \left(\frac{\partial T}{\partial V} \right)_{p,n}^2 \sigma_V^2}$$

$$= \sqrt{\left(\frac{V}{nR} \right)^2 \sigma_p^2 + \left(-\frac{pVR}{n^2 R^2} \right)^2 \sigma_n^2 + \left(\frac{p}{nR} \right)^2 \sigma_V^2}$$

$$= 16.0 \sqrt{4 \times 10^{-6} + 4 \times 10^{-4} + 1 \times 10^{-8}}$$

$$= 0.3 (\text{K})$$

所以本例可求得间接测量值温度 T 的结果为 16.0±0.3 K。

[**例 2**]　在氧弹式量热计测定萘的恒容燃烧热实验中,对影响实验结果的因素作分析。

在燃烧热的测定实验中,萘的燃烧热的计算公式为:

$$Q_V = \frac{M}{m} \cdot C \cdot \Delta T \tag{1.3.9}$$

对(1.3.9)式求对数,微分得:

$$\left| \frac{\mathrm{d}Q_V}{Q_V} \right| = \left| \frac{\mathrm{d}m}{m} \right| + \left| \frac{dC}{C} \right| + \left| \frac{\mathrm{d}(\Delta T)}{\Delta T} \right| \tag{1.3.10}$$

所以,燃烧热测定的误差主要来自于三个方面:

(1)样品的质量引入

①称量引入　燃烧热共进行 6 次称量,若电子天平称量误差为 0.0002 g, 6 次所称物质的平均质量为 0.5000 g,则

$$\left| \frac{\mathrm{d}m}{m} \right| = \frac{0.0002 \times 6}{0.5000} \times 100\% = 0.24\% \tag{1.3.11}$$

②样品燃烧不完全造成质量误差。

(2)燃烧前后温度测量引入

①温度计测量误差　设温度计测量误差为 0.002 K,燃烧前后 $\Delta T = 1.50$ K,则

$$\left| \frac{\mathrm{d}(\Delta T)}{\Delta T} \right| = \frac{0.002 \times 2}{1.50} \times 100\% = 0.27\% \tag{1.3.12}$$

②量热系统与环境的热漏造成燃烧释放的热没有完全转为温度的上升。

(3)仪器热容测量引入

仪器热容由苯甲酸燃烧测定,所以由此引入的误差大部分已经包括在(1.3.11)、(1.3.12)式的计算中。如果量热计内有水 3000 mL,量筒误差 0.5 mL, 则量取水的体积引入的误差为:

$$\left| \frac{\mathrm{d}C}{C} \right| = \frac{0.5 \times 2}{3000} \times 100\% = 0.03\% \tag{1.3.13}$$

以上三项误差总和为 0.54%,而以质量的称量误差和温度的测量误差为主。在同学认真实验下,测量值与文献值间误差小于 3% 的要求完全能够做到。

1.4 物理化学实验数据的整理和表达

物理化学实验测得实验数据后,应进行整理、归纳,并正确表达实验结果,常用以下四种方法:列表法、作图法、数学方程式表示法和计算机处理法。实验原始记录一般使用列表法,实验报告中数据处理时常用大量图形进行表示,还可能对这些图形求解其数学方程式。

一、列表法

利用列表进行实验数据表达,应尽可能简单、完整、有规律,使得实验数据能一目了然,便于检查,减少差错,易于处理。列表法是物理化学实验基本和常用的数据表达方法,书写预习报告时就应设计好实验数据的原始记录表格。

列表时应注意做到:

1. 每一个表格都应有简明、完备的名称。

2. 在表的第一行和第一列,详细写出物理量的名称、单位。

3. 表中数据应化为最简形式,公共的乘方因子可在第一行的单位中注明。

4. 表中数据要排列整齐,注意有效数字的位数,小数点要对齐。

5. 原始数据可与数据处理并列在同一张表上,处理方法、运算公式在表下注明。

二、作图法

作图法将实验数据按变量关系绘制成图形,可将变量间的关系和变化规律直观地显示出来,便于进行分析研究,是实验数据整理的重要方法之一。其用处极为广泛,可以求内插值、外推值、转折点和极值,作切线求函数的微商,求面积计算相应的物理量(积分值),求经验方程式等。

1. 作图步骤、作图规则及注意点

(1)作图常用直角坐标纸、半对数坐标纸、三角坐标纸等几种图纸。在用直角坐标纸作图时,以自变量为横轴、应变量为纵轴,两轴交点不一定从零开始,视具体情况而定。坐标轴比例尺的选择很重要,其选择应遵守下述规则:

①要能表示出全部有效数字,以使从作图法求出的物理量的精度与测量的精度相适应。

②图纸每小格所对应的数值应便于迅速简便地读数、计算。

③应充分利用图纸的全部面积,使全图布局匀称、合理。

④若作的图线是直线,比例尺的选择应使其倾斜接近于45°。

(2)画上坐标轴,在轴旁注明变量名称、单位。在纵轴的左边及横轴的下面标明比例尺。

(3)将相当于测量数值的点绘于图上。在一张图纸上如有几组不同的测量值时,各组测量值的代表点应用不同符号表示,并在图上注明。

(4)用直尺、曲线板或曲线尺作出尽可能接近于实验点的曲线。曲线应光滑均匀,细而清晰,曲线不必通过所有点,各点应尽量在线上或均匀分布在曲线两旁。

(5)写上清楚完备的图名,实验报告上可不必注明作图人姓名。

图上除图名、坐标轴、比例尺、坐标点、曲线外,一般不再有其他文字或辅助线。作图时也存在作图误差,所以作图技术的好坏直接影响实验结果及其准确性。曲线需用削尖的铅笔,在直尺或曲线尺的辅助下作出合理的线条。

2. 作曲线切线

作曲线切线通常用以下两个方法:

(1)若在曲线的指定点上作切线,可用镜像法,先作出该点的法线,再作垂直于法线的切线。取一平薄镜子,将其边缘放在曲线的横断面上,绕指定点转动,直到镜中曲线的镜像与原曲线能连成一条光滑曲线,看不到转折,沿镜子边沿画出直线就是曲线该点的法线。

(2)在曲线段上任意作两条平行线段交于曲线,连接两线段中点交曲线一点,通过该点作两线段的平行线即为该点曲线的切线。

三、数学方程式表示法

当一组实验数据用图解法表示后,往往要求用方程式把 x、y 间的数学关系表示出来。显然,最方便的是图解中得一直线,求该直线的斜率 k 和纵截距 c,即该直线方程 $y=kx+c$。当 x、y 间表现出非线性关系时,可通过坐标变换将函数线性化,再求其直线方程。这种用图解法求解数学方程式,方法简单,但不够精确,常因作图带很大误差。在要求比较高的数据处理中,常采用最小二乘法进行计算。

现代计算机的应用,提高了数据处理的方便性和准确度。简单处理可以用 Excel 作图求解,数据较多或非线性关系则常用 Origin 处理。关于最小二乘法及其他计算机软件数据处理方法,请参阅相关书籍。

第二部分　物理化学实验操作技能 及相关仪器简介

2.1　热效应测量

　　热化学的主要工作是精密测量化学变化的热效应,其实质是热力学第一定律在化学中的具体应用,实验数据具有实用和理论上的价值。化学变化热效应的测量一般是通过温度的测定来实现的。温度是国际单位制(SI 制)中七个基本物理量之一,度量物质的冷热程度,是系统的一个强度性质,反映了系统与环境进行热交换的能力。温度测量与人类生活、生产、研究密切相关,准确测量温度在科学实验中十分重要。

　　统计热力学认为,温度是系统内大量分子平均动能大小的表现,标志了系统内分子无规则运动的剧烈程度。系统内分子平均动能 $\overline{E}$ 与温度 T、分子平均速率 $\overline{v}$ 的关系为:

$$\overline{E} = \frac{3}{2}kT = \frac{1}{2}m\overline{v}^2 \tag{2.1.1}$$

式中,k—玻尔兹曼常数;

　　　m—分子质量。

一、温度测量的依据

1. 热力学第零定律

1930 年,英国物理学家福勒(R. H. Fowler)正式提出热力学第零定律(又称热平衡定律):若两个热力学系统均与第三个系统处于热平衡状态,此两个系统也必互相处于热平衡状态。热力学第零定律是一个经验定律,它定义了温度函数,是进行系统温度测量的基本依据。通过热力学第零定律我们知道:

　　(1)可通过观察两个相接触的系统的温度变化,判断它们是否已经达到热

— 13 —

平衡。

（2）当外界条件不变时，达热平衡的系统内部的温度均匀分布，并且温度值确定不变。

（3）一切互为热平衡系统，无论是否接触，它们具有相同的温度。换句话说，一个系统的温度可以通过其他与之热平衡的系统温度来表达。

2. 温标

任何物理量的测量都是与一个标准量进行比较的过程。温度标准，简称温标，是以量化数值，配以温度单位来表示温度的方法，是温度计进行刻度的根据。建立温标应包含以下的三个要素：①选择测温物质，以它的某种随温度变化的物理量（测温参量）来表示温度。如水银温度计利用金属 Hg 的体积随温度变化、电阻温度计利用金属丝电阻随温度变化来指示温度；②依据物理规律，规定测温参量与温度的函数关系，一般选择与温度成正比关系的测温参量；③选择一个容易重复的状态作为测温的参考点（称为固定点），并给该固定点的温度赋值。

常用的温标有：

（1）热力学温标

又称开尔文温标、绝对温标，1848 年开尔文由卡诺定理引入。卡诺定理指出，工作在两热源间的一切可逆热机的效率只决定于两个热源的温度，与工作物质的性质无关：

$$\eta = 1 - \frac{T_2}{T_1} \qquad (2.1.2)$$

式中，η—可逆热机的效率；

T_1、T_2—热源 1、2 的热力学温度。

热力学温标适用于任何温度区间，且与工作物质的性质无关，是一种理想的、科学的温标。由于卡诺循环是一种理想循环，在自然界中无法实现，所以热力学温标是一种纯理论性的温标，其意义在于证明了温度是不依赖于测温物质的、客观的物理量。热力学温标为建立实用温标提供了理论依据。

热力学温标只给出了两个温度的比值，1954 年国际计量大会决定，取水的三相点（记为 T_{tr}，三相点指气、液、固三相共存的温度和压强，水的三相点为 0.01 ℃及 611.73 Pa）作为标准点：

$$T_{tr} = 273.16 \ K \qquad (2.1.3)$$

并规定：

$$1\ \text{K} = \frac{1}{273.16} \cdot T_{\text{tr}} \qquad (2.1.4)$$

（2）国际实用温标

20 世纪初，迅速发展的世界贸易和日益复杂的科学技术迫切要求建立全球统一的温度标准，由于直接测量热力学温度不仅难度大，而且费时，不适用于作为实用的温度标准。国际计量大会决定采用国际实用温标作温标的二级标准。国际实用温标选定一些可靠而且能高度重现的平衡点作为测温的固定点(这些点的温度根据热力学温标制定)，选定很容易测量的测温物质，定义关系式，进行实用上的精密温度测量。实用温标的数值接近热力学温标，但是应用起来更加容易。

第 18 届国际计量大会通过了最新的 1990 年国际温标(ITS-90)，由 ITS-90 定义的任意温度数值(T_{90})接近同一热力学温度的数值。ITS-90 规定：①第一温区：从 0.65 K 到 5.0 K，T_{90} 由氦的同位素($_3$He 和 $_4$He)蒸气压和温度之间的关系式定义；②第二温区：从 3.0 K 到 24.5561 K(氖的三相点)，T_{90} 用氦气体温度计来定义，氦气体温度计通过一定的内插过程在三个定义固定点分度；③第三温区：从 13.8033 K(平衡氢的三相点)到 1234.93 K(银的凝固点)，T_{90} 以铂电阻温度计在一组规定的定义固定点上分度，并利用所规定的内插方法来定义；④第四温区：1234.93 K 以上，T_{90} 按照一个定义固定点和普郎克辐射定律来定义。

为贯彻国际实用温标，测温仪器分为三级：基准温度计、标准温度计与工作温度计。根据测温精度要求不同，我国建立了一套温标传递系统，以保证温度测量的统一，由国家计量科学院与国际计量局直接挂钩，负责对国家级基准温度计的校验，并定期标定各省、市计量单位的基准温度计。通过对温度计的分度与校验完成温标的传递，保证温度计在国际范围内的一致性和准确性。

ITS-90 同时定义了国际摄氏温度(t_{90})，摄氏温度不再沿用旧的定义——101.325 kPa 时水的冰点定义为 0 ℃，沸点定义为 100 ℃，二者间作 100 等分，而是以热力学温度进行定义：

$$t_{90}(\text{℃}) = T(\text{K}) - 273.15 \qquad (2.1.5)$$

摄氏温度与华氏温度转换公式为：

$$t_{90}(\text{℃}) = \frac{5}{9}[t_{90}(\text{℉}) - 32] \qquad (2.1.6)$$

二、常用温度计

温度测量的方法很多,从测量时传感器中有无电信号输出可划分为电测量和非电测量,从测量时传感器与被测对象的接触方式区别可划分为接触式和非接触式。测温时选择一种温度测量系统,主要应考虑温度范围、使用场合、温度响应、传输方式等。下面介绍几种常用的温度计。

1. 水银温度计

水银温度计是常用的测温工具,属于玻璃液体膨胀式温度计,结构简单,价格便宜,具有较高的精密度,可直接读数,使用方便,但易于损坏造成汞泄漏污染。Hg 的凝固点-38.83 ℃,沸点 356.73 ℃,所以一般水银温度计使用范围为$-30\sim356$ ℃。如果采用石英玻璃管,并在毛细管中充入加压氮气或氢气,并在汞中加入 8.79% 的铊,可将水银温度计测温范围扩大到$-60\sim600$ ℃。高温水银温度计的顶部一般有一个安全泡,防止毛细管内的气体压强过大而引起感温泡破裂。

水银温度计种类繁多,按结构不同,分为棒式、内标式、外标式温度计;按使用时温度计浸没方式不同,分为全浸式、局浸式两种;按用途不同分为标准温度计和工作温度计两类。

(1)全浸式、局浸式水银温度计

标准温度计、精密工作温度计(如物理化学实验常用的 $1/10$ ℃温度计)都是全浸式水银温度计,背面一般标有"全浸"字样,使用时要求将温度计插入待测液体深部,水银柱弯月面仅露出不超过 1 cm 以供读数。温度计本身受环境影响小,测量精度高。而局浸式水银温度计带有浸没标志或数字,使用时插入到标志处或按数字要求插入相应深度,绝大部分液柱露出待测液面,受环境影响较大,测量精度低于全浸式温度计。

(2)电接点水银温度计

电接点水银温度计是带有通断开关的温度计,其功能相当于一个温度继电器。可调式电接点水银温度计结构如图 2-1-1 所示,温度计中有两根接点引出线,一根与感温泡中的水银相通,一根与毛细管中的钨丝相通。旋转顶部的调节磁帽,带动温度计内部的磁钢旋转,通过调节杆使指示螺母和毛细管中的钨丝同步升降,钨丝插入毛细管中的位置大致与指示螺母上表面在温度标尺的位置一致,所以指示螺母指明的温度值就是所要控制的温度。需要注意,在使用一段时间后,电接点水银温度计上指示螺母指明的温度值与实际控制温度有一定差异。若调节到所需温度,可锁紧磁帽侧面的固定螺丝。

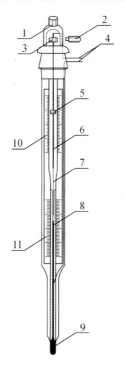

图 2-1-1　电接点水银温度计

1. 调节磁帽　2. 磁帽固定螺丝　3. 磁钢　4. 接点引出线　5. 指示螺母
6. 调节杆　7. 钨丝　8. 水银柱　9. 感温泡　10. 上部温度标尺　11. 下部温度标尺

电接点水银温度计常用作恒温水浴的温度继电器,感温泡感知水浴中温度,若水银柱上升与钨丝接触,接点引出线形成闭合回路通过电信号;若水浴温度低于设定温度,水银柱下降与钨丝分开,接点引出线的闭合回路断开。原则上依靠这种"通"、"断"可间接控制恒温水浴的电加热器是否工作。为了提高控温精度,使用时要缓慢、反复调整电接点水银温度计的调节磁帽,指示螺母所示温度只是个粗略值,实际温度应观察恒温水浴中的精密温度计。

电接点水银温度计的工作电压 30 V,工作电流 20 mA,在此情况下正常工作,温度计可承受 100 万次以上的通断。

(3)水银温度计的误差与校正

水银温度计的误差主要有两个来源,一是温度计的分度及检定设备引入的,二是温度计的特性和测量方法引起的。各种因素均使温度计出现读数误

差,使用时主要进行以下三种校正:

①零点校正

温度计在测量时,感温泡经历了一个变温过程,玻璃分子进行了一次重排,感温泡的体积可能发生改变,导致温度示值与真实值不符,因此必须校正零点。常用纯物质的相变点校正,冰水系统是最常使用的一种。将温度计浸入冰点仪的冰水混合物中,得到的温度值称为零点示值 t_0',可计算温度计新的零点修正值 $\Delta t_{新}$:

$$\Delta t_{新} = \Delta t_{旧} + (t_0 - t_0') \tag{2.1.7}$$

式中,$\Delta t_{旧}$—温度计检定书上标明的零点修正值;

　　　t_0—温度计检定书中上限温度检定后的零点示值;

　　　t_0'—新测定的上限温度检定后的零点示值。

用该温度计进行测量,则待测系统的实际温度为:

$$t_{实} = t_{测} + \Delta t_{新} \tag{2.1.8}$$

式中,$t_{测}$—温度计示值。

②示值校正

温度计由于毛细管直径不均匀、水银和玻璃膨胀系数的非线性关系等引入的示值偏差,常用比较法校正。校正时将标准温度计与待校正温度计悬于恒温水浴中,两水银球尽量接近并在同一水平面,温度控制在被校温度上下不超过 0.1 ℃,水平温差小于 0.01 ℃,垂直温差小于 0.02 ℃,待温度稳定 10 min,记录两根温度计的读数。然后再调节恒温水浴到另一被校正温度,重复上述步骤。测出 5～6 组校正数据,以待校正温度计读数为横坐标、相应的标准温度计读数为纵坐标作校正曲线。使用时用内插法查阅待测系统实际温度。

③露茎校正

全浸式温度计使用时往往受到待测系统的限制只能局浸使用,暴露在环境中的那部分毛细管和汞柱未处于待测系统中,需要进行露茎校正。露茎校正值 $\Delta t_{露}$:

$$\Delta t_{露} = 0.00016n(t_{测} - t_{环}) \tag{2.1.9}$$

式中,0.00016—水银对于玻璃的视膨胀系数;

　　　n—露出的汞柱高度,以℃表示;

　　　$t_{测}$—温度计示值;

　　　$t_{环}$—辅助温度计感温泡贴近待校正温度计露出的汞柱测得的环境温度。

用该温度计进行测量,则待测系统的实际温度为:

$$t_实 = t_测 + \Delta t_露 \tag{2.1.10}$$

2. 电阻温度计

电阻温度计是利用导体或半导体的电阻为测温参量来测量温度的。温度升高,金属的自由电子热运动的加剧及金属晶格的振动对自由电子运动的干扰均使其电阻增大,金属电阻的阻值随温度变化的特性可用电阻的温度系数 α 表示,这也是电阻温度计的主要指标。测温热电阻的阻值随温度变化要有单值函数关系,最好呈线性关系,尽可能大且稳定。电阻的温度系数 α 是指每升高 1 ℃电阻的变化值,常用 0~100 ℃间电阻的变化定义:

$$\alpha = \frac{R_{100} - R_0}{100R_0} \tag{2.1.11}$$

式中,R_0—0 ℃时测温热电阻的阻值;

　　　R_{100}—100 ℃时测温热电阻的阻值。

电阻温度计种类繁多,按用途可分为标准电阻温度计和工作电阻温度计,按结构可分为普通型、铠装型、薄膜型电阻温度计,按温度传感器材料可分为金属电阻温度计和半导体热敏电阻温度计。电阻温度计广泛用于测量-200~850 ℃内的温度,测温灵敏度高,输出信号大,易于测量,稳定性好,准确度高,信号便于远传。但有些电阻温度计温度传感器结构复杂,体积较大,热惯性大,不适于测量体积狭小和温度瞬变对象的温度。

因为铂很容易提纯,易加工成形,稳定性好,性能可靠,抗氧化性强,有较高的电阻率,铂电阻温度计因其测温范围宽,准确度高,性能稳定,测控温系统组成灵活而在温度测量领域得到广泛应用。标准铂电阻温度计的准确度最高,在ITS-90 国际温标中,作为 13.8033~1234.93 K 范围内的内插用标准温度计,可以用一种严密、合理的方程来表述其电阻与温度的关系。

普通型铂电阻温度计由温度传感器、引线、保护管三部分构成。温度传感器是温度计的核心,由铂丝和绝缘骨架构成,其三种典型结构如图 2-1-2 所示。引线是测温热电阻出厂时自身具备的,其功能是使温度传感器与外部测量线路相连接。铂电阻在中低温时用银丝作引线,高温时用镍丝。保护管是用来保护已经绕制好的温度传感器免受环境损害的管状物,将测温热电阻装入保护管内,同时将其引线和接线盒相连。据温度传感器两端的引线形式铂电阻温度计分为两线制、三线制、四线制。两线制最简单、便宜,但引线存在电阻使实际测量值偏高;三线制较大减小了引线电阻带来的附加误差,但要求三根引线截面积和长度相同;四线制最复杂,精密度也最高,用两根附加引线提供恒定电流,另两根引线测量铂电阻,在电压表输入阻抗足够高的条件下,电流几乎不流过电压表,可忽略引线电阻的影响。

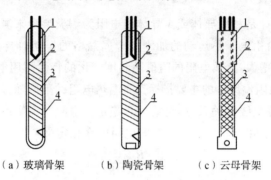

（a）玻璃骨架　　（b）陶瓷骨架　　（c）云母骨架

图 2-1-2　铂电阻温度计温度传感器的结构示意图

1. 引线　2. 骨架　3. 铂丝　4. 外壳或绝缘片

目前温度测量中最常用的是 Pt100 四线制温度传感器,温度传感器的 $R_0 = 100.00\ \Omega$, $R_{100} = 138.51\ \Omega$,电阻变化率为 $0.3851\ \Omega \cdot {}^{\circ}\!C^{-1}$,平均温度系数为 0.003851,最常用于 $-200 \sim 650\ {}^{\circ}\!C$ 中低温区。Pt100 温度传感器的电阻随温度变化关系如下,可通过测定温度传感器的电阻计算温度:

$$-200 < t < 0\ {}^{\circ}\!C \qquad R_t = R_0[1 + At + Bt^2 + C(t-100)t^3]$$
$$0 < t < 850\ {}^{\circ}\!C \qquad R_t = R_0(1 + At + Bt^2)$$

(2.1.12)

式中,R_t—Pt100 在 $t\ {}^{\circ}\!C$ 时的电阻;

A—$3.9083 \times 10^{-3}\ {}^{\circ}\!C^{-1}$;

B——$5.775 \times 10^{-7}\ {}^{\circ}\!C^{-2}$;

C——$4.183 \times 10^{-12}\ {}^{\circ}\!C^{-4}$。

常用惠斯通电桥法连接四线制引线的铂电阻温度计,其测量电路如图 2-1-3 所示,图中 R_A、R_B 是两根引线的电阻,调节可变电阻 R_1,用精密数字多用表可测出温度传感器的电阻 R_t,查阅铂电阻分度表,可得到待测系统的精确温度。或者将铂电阻温度计与数字温度计连接,可在数字温度计上直接读出待测系统的精确温度。

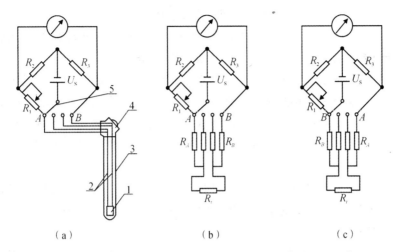

（a）　　　　　　　　（b）　　　　　　　　（c）

图 2-1-3　四线制引线铂电阻温度计的引线连接图(a)和等效原理示意图(b、c)

1. 温度传感器　2. 引线　3. 保护管　4. 接线盒　5. 转换开关

附：

SWC-ⅡD精密数字温度温差仪

　　SWC-ⅡD精密数字温度温差仪系南京桑力电子设备厂生产,具备数字贝克曼温度计的分辨率高、稳定性好、使用安全可靠等特点,还可实现温度—温差双显示功能、基温自动选择及锁定功能、读数采零及超量程显示功能、可调报时功能。该机可测量温度范围－50～150 ℃(分辨率 0.01 ℃),同基温范围内的可测温差范围±10 ℃(分辨率 0.001 ℃),时间漂移小于 0.0005 ℃·h^{-1},定时显示时间范围 0～99 s。

　　1. SWC-ⅡD精密数字温度温差仪的使用方法

　　SWC-ⅡD精密数字温度温差仪前面板如图 2-1-4 所示。

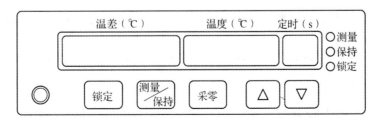

图 2-1-4　SWC-ⅡD精密数字温度温差仪面板示意图

—— 21 ——

（1）将感温探头插入待测系统中，插入深度大于 50 mm。

（2）测温：按下电源开关，"温度"显示屏显示待测系统的实时温度，"温差"显示待测系统的实际温度与基温的差值，测量指示灯亮。

（3）采零：当温度显示值稳定并记录后，按下"采零"键，温差显示窗口显示"0.000"，以后的显示值为采零后温差的相对变化量。当温度变化过大时，仪器会自动按表 2-1-1 更换到适当基温，此时温差显示值将不能正确反映温度的变化量。可在按下"采零"键后再按"锁定"键，仪器基温被锁定，锁定指示灯亮。

（4）记录：需要记录读数时，可按"测量/保持"键，使仪器处于"保持"状态（保持指示灯亮）。读数完毕，再按一下"测量/保持"键，即可转换到"测量"状态，进行跟踪测量。

（5）定时：按下"△"或"▽"键，设定所需的报时间隔。设定完毕，定时显示开始倒计时，当一个计时周期完毕，蜂鸣器鸣叫且自动保持读数 5 s 以利读数，同时保持指示灯亮。仪器按设定的报时间隔自动循环。如果不需要定时报警，只需将定时读数设定为"0"即可。

表 2-1-1　SWC-Ⅱ$_D$ 精密数字温度温差仪的基温选择

温度/℃	基温/℃	温度/℃	基温/℃
<-10	-20	$50\sim70$	60
$-10\sim10$	0	$70\sim90$	80
$10\sim30$	20	$90\sim110$	100
$30\sim50$	40	$110\sim130$	120

2. SWC-Ⅱ$_D$ 精密数字温度温差仪使用的注意事项

（1）不宜在高温、高湿环境工作。工作环境温度在 $-10\sim50$ ℃，湿度 ≤ 85%。

（2）感温探头和仪器必须配套使用，二者出厂编号应一致，以保证较高的检测准确度。

（3）在测量过程中，按下"锁定"键后，基温自动选择和"采零"键将不起作用。

三、热效应的测量

在化学反应、物理变化过程中，常伴随着热量的释放或吸收，从而引起系统温度发生变化。如果精确测量这种温度的改变,可以清晰研究物质的理化性质及其变化。如药物的多晶型、物相转化、结晶水、结晶溶剂、热分解以及药物的纯度、相容性和稳定性等研究中,常需要用到热效应的测量。热化学的数据主要是通过量热法获取,量热计是量热法的核心仪器,包括补偿式和温差式量热计两大类。

补偿式量热计是一个等温量热计,待测系统由于发生物理、化学变化与环境间进行热交换,量热计通过监控这种交换,给予系统连续的"冷"或"热"补偿,使系统在变化中始终保持温度恒定,并与环境温度相等。显然,量热计给予的热的补偿量,必然等于系统在变化过程的热效应。

如果研究系统在量热计中发生热效应时,设法使其不与环境发生热交换,则热效应将导致量热计的温度发生变化,通过测量量热计的温度变化可求得变化过程的热效应,这种量热计称为温差式量热计。

1. 绝热式量热计

理想的绝热式量热计中,待测系统与环境之间不发生热交换。实际过程中不可能做到完全绝热,即环境与系统之间不可能不发生热交换,所以绝热式量热计都只是近似绝热。大部分绝热式量热计的构造都遵照同一基本模式,即包括外筒、内筒、燃烧室、温度计等基本部件。不同的量热计只是在绝热系统、测温系统等进行优化改进。氧弹式量热计(图 3-2-1)就是一种典型的绝热式量热计,为了尽可能达到绝热效果,量热计内外筒间采用空气夹套甚至真空夹套,并在量热计的内筒内、外壁涂以光亮层,尽量减少对流和辐射引起的热损耗。在使用绝热式量热计时,常用雷诺校正法(图 3-2-2)扣除量热计与环境间的热交换。

2. 热导式量热计

热导式量热计是将量热容器放在一个恒温金属块中,恒温金属块是具有很大热容的受热器,它的温度不因热流的流入、流出而改变。量热容器与恒温金属块由导热性能良好的热导体紧密接触联系,当量热器中研究系统释放或吸收热量时,一部分热使研究系统温度发生变化,另一部分由热导体传递给恒温金属块,沿热导体流过的热量大小可由热导体的某些物理量的变化(如热电偶由于温差引起的电动势变化)计算出来。

热导式量热计不仅可用于测量一般过程的热量,而且更适用于研究放热速度慢、热量小的过程,如生物过程的热效应。有机体代谢过程中不可避免地会将部分能量以热的形式表现出来,比如药物在机体内的作用与代谢,实际上就是药物在机体内进行的一系列物理、生物、化学反应。通过对药物作用的热分析,可获取有关药物稳定性、结晶特性、溶解过程、浸润过程等方面的重要信息,研究药物与生物大分子、细胞、组织的相互作用及其机理,实现对药物的设计、生产、质量控制、存储和使用等环节的指导和优化。生物产热过程一般强度低,速率慢,周期长,用一般的量热技术很难获得满意的结果。图 2-1-5 显示了卡尔维特热导式微量热计的内部结构,B 为恒温铝块,R 和 S 是结构完全相同的两个孪生式量热容器,其中 S 为工作池,R 为参考池。两个量热容器的热电堆对抗相连,基本消除了由于环境温度变化产生的干扰。从热电堆两端 L_1 和 L_2 输出的温差信号,能够准确指示出量热容器内部的微小温升,灵敏度高达 10^{-5} K,能够检测出微瓦级的放热速率,在生物代谢过程的热效应测量中有许多独到之处。

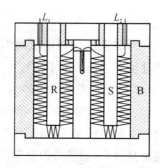

图 2-1-5　热导式微量热计的内部结构示意图

3. 等温滴定量热计

现代微量热技术主要指差示扫描量热技术和等温滴定量热技术,差示扫描量热技术是在程序控温下,测量样品和参比物之间的热量差。等温滴定量热计(图 2-1-6)与差示扫描量热计原理类似,只是增加一个滴定模块。在一个密闭、隔绝的恒温体系中,同时对其两个完全一致的测量池进行完全一致的程序温度控制,始终保持样品池与参比池间的温度差为零。以恒定的升温(或降温)速率从低温到高温扫描,同时通过滴定模块将反应物滴加到待测系统中,样品池中的反应会释放或吸收一定的热量,导致样品池与参比池出现暂时温差,为消除这种温差,放热反应触发恒温功率的负反馈,吸热反应触发恒温功率的正反馈,反馈中的能量交换被记录下来,获得了滴定物与待测系统发生作用的实时热量随时间的变化图谱。

　　等温滴定量热计灵敏度极高,能够检测出纳瓦级的放热速率,迅速成为研究生物大分子结合反应的有力工具。利用结合常数、结合计量比、反应焓变和熵变等化学热力学参数,结合分子的结构信息,从分子水平上揭示生化反应的复杂过程。

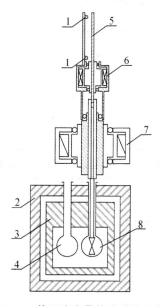

图 2-1-6　等温滴定量热计结构示意图
1. 传感器　2. 外屏蔽层　3. 内屏蔽层　4. 参比池　5. 丝杆
6. 注射器　7. 搅拌器　8. 样品池

2.2　温度控制

　　物质的许多物理性质和化学性质,如折射率、黏度、表面张力、吸附量、化学反应速率系数、电导率、电动势等,都与温度有关。有些实验还需要控制程序升温(或降温),如差热分析、差示扫描量热技术、程序升温脱附等。所以,物理化学实验不仅要学会精确测量温度,还要掌握精密控制温度技术。

　　化学实验室常用的控温、恒温装置一般分成低温(−218～25 ℃)恒温、常温(25～250 ℃)恒温、高温(>250 ℃)恒温三类。恒温控制方法主要有两类:一是利用物质的相平衡温度获得恒温条件,如冰水浴(0 ℃)、水的蒸气浴(100 ℃)等都是常用办法;二是将待控系统置于热容比它大很多的恒温介质中,利用控温系统对加热器、制冷器按照预先设定自动调整,使待控系统处于恒定温度。实验中常用的玻璃恒温水浴、超级恒温槽都属于第二类方法。

一、物质相变点控制温度

利用物质的相变温度的恒定性控制温度,是一种装置简单、操作方便、温度恒定的常用方法,其缺陷就是恒温温度不能任意调节,限制了它的使用范围。

实验室中经常用物质的相变温度作低温控温。常压下冰水浴温度为 0 ℃,将盐的浓溶液与碎冰搅拌混合得到的冰盐冷却浴能产生并维持低于 0 ℃ 的温度。各种冰盐浴的最低温度见表 2-2-1。

表 2-2-1　常见冰盐浴的最低温度

盐	盐溶液 /(g 盐/100 水)	最低温度/℃	盐	盐溶液 /(g 盐/100 水)	最低温度/℃
NaCl	6.11	−3.48	KCl	7.09	−3.07
	8.93	−5.17		10.77	−4.66
	10.77	−6.32		17.38	−7.51
	14.20	−8.52		22.69	−9.84
	15.46	−9.41		23.80	−10.34
	17.87	−11.04		24.60	−10.66
	22.25	−14.33	NH₄Cl	18.80	−11.80
	22.99	−14.77		19.94	−12.44
	24.75	−16.21		19.93	−12.60
	27.70	−18.73		22.40	−14.03
	29.70	−20.56		24.13	−15.10
	30.40	−21.12		24.50	−15.36

干冰冷却剂的配制和维持方法简单可靠,将颗粒状干冰小心加到所需溶剂中,搅拌到包覆有冻结溶剂的干冰块出现,此时冷却浴温度稳定,之后只需每间隔一定时间补充块状干冰并搅动就能保持温度。干冰冷却剂的温度重现

性较好,温度的变化可控制在±1 ℃内。通过把液氮小心地加到不断搅拌的有机溶剂中调配成冰激凌状的液氮冷却剂(−196~13 ℃),使用杜瓦瓶等保温较好时可维持几小时。使用低温冷却剂时必须戴保暖手套以防冻伤,要防止液态气体由于压力突然改变发生爆炸;使用液态氧时,为了防止燃烧,绝不允许与任何有机化合物接触、混合;使用液态氢时,要防止周围空气中的氢气含量大于5%,否则极易发生剧烈爆炸。各种干冰冷却剂、液氮冷却剂、气体冷却剂的稳定温度见表2-2-2。

表2-2-2 常见干冰冷却剂、液氮冷却剂和气体冷却剂的冷却温度

冷却剂	冷却温度/℃	冷却剂	冷却温度/℃
苯—液态氮	5	丙酮—干冰	−78
环己烷—液态氮	6	液态一氧化二氮	−89
苯胺—液态氮	−6	庚烷—液态氮	−91
乙二醇—液态氮	−10	甲苯—液态氮	−95
乙二醇—干冰	−12	乙酸异丁酯—液态氮	−99
四氯化碳—干冰	−23	液态甲烷	−162
3—庚酮—干冰	−38	液态氧	−183
分析纯乙腈—干冰	−42	液态氮	−196
工业级乙腈—干冰	−46	液态氢	−253
氯仿—干冰	−61	液态氦	−269

二、恒温槽

恒温槽是一种以液体为介质的恒温装置,因液体介质热容量大,导热性好,有利于温度控制的稳定性和灵敏度的提高。

1. 恒温槽的控温原理

恒温槽主要由浴槽、加热器、搅拌器、功率调节器、温度调节器、温度控制器、继电器、温度计等部件组成(图2-2-1)。当浴槽中液体介质温度低于设定值,温度控制器指挥继电器断开,加热器接通电源开始工作,介质温度开始升高。当达到设定值时,温度控制器指挥继电器工作,吸引簧片断开加热器电源,加热器停止工作。随着浴槽与外界交换热量,介质蒸发等自然散热,浴槽内介质温度降低,当低于设定值时,以上循环重新开始。如此周而复始,液体介质温度稳定在一定范围内波动。

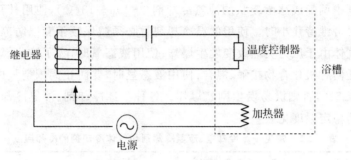

图 2-2-1　恒温槽控温原理示意图

2. 恒温槽的组成

恒温槽装置如图 2-2-2 所示。

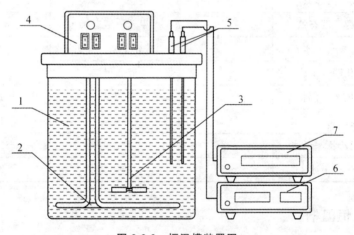

图 2-2-2　恒温槽装置图

1. 浴槽　2. 加热器　3. 搅拌器　4. 功率调节器　5. 感温探头
6. 集成式恒温控制仪　7. 精密数字温度温差仪

(1)浴槽　包括浴缸和介质。浴缸常由玻璃制成,以便于观察。其大小、形状均视需要而定,常见为圆柱形。在恒温精度、灵敏度要求较高时,可外包保温设施,或改变浴缸的种类、形状。液体介质视需要恒定的温度范围而定,最常用的是水,为避免蒸发引起较大的温度波动,50 ℃以上时常在水面加石蜡油。常用的液体介质的控温范围见表 2-2-3。

表 2-2-3 不同液体介质的控温范围

液体介质	控温范围/℃	液体介质	控温范围/℃
乙醇、乙醇水溶液	$-60\sim30$	甘油、甘油水溶液	$80\sim160$
水	$0\sim90$	液体石蜡油、硅油	$70\sim200$

（2）加热器 常用电加热器，要求其热容小以保证停止加热后释放的热量小，导热性能好。电加热器功率视浴槽大小、恒温温度及浴槽与环境的温差而定。为提高恒温效果与精度，可通过功率调节器调整加热器的功率，在升温阶段将加热器功率调大，在恒温阶段调小加热器功率。

（3）搅拌器 使浴槽内液体介质各部分温度尽快趋于均衡一致。搅拌器桨叶的片数、直径、面积、形状（常见螺旋桨式或涡轮式）及搅拌器的功率和安装位置等对搅拌效果有很大影响。恒温槽越大，搅拌器功率应相应增大。搅拌器一般安装在加热器上面或靠近加热器，使被加热的介质及时混合均匀再流到恒温区。

（4）功率调节器 集成了加热器、搅拌器的功率调节。一般是调整输入的电压，相应改变它们的功率。功率调节器最好能做到无极调整，可以灵活调节恒温槽，提高恒温槽的灵敏度。

（5）温度调节器 通过温度调节器将恒温槽设定在所需温度，随时探测恒温介质的温度，将信息传输到温度控制器，从而控制加热器的工作状态。温度调节器是恒温槽的调节、感觉中枢，是决定恒温槽灵敏度的关键部件。温度调节器的种类很多，常用电接点水银温度计。

（6）温度控制器 温度控制器是恒温槽的控制中枢。它接收温度调节器信号，分析、判断并控制继电器改变加热器的工作状态。当温度调节器探测浴槽内介质温度到达或低于其设定值时，发出"断"或"通"的信号，温度控制器接收后经控制电路放大，控制继电器触点的"开"或"关"，从而进一步控制加热器回路的"断"或"通"。

有些恒温槽将温度调节器、温度控制器、继电器合并设计为数显的集成式恒温控制仪（如 SWQ 智能数字恒温控制器），温控仪外接感温探头（常用 Pt100 电阻温度计）。使用时调节温控仪设定恒温设定值，感温探头感知浴槽介质温度并传回温控仪，温控仪分析、判断后调整加热器相应的工作状态。

（7）温度计 恒温槽实际温度可用水银温度计、贝克曼温度计、精密数字温度温差仪等测温。

附：

SWQ 智能数字恒温控制器

南京桑力电子设备厂生产的系列 SWQ 智能数字恒温控制器测温、控温读数以数字显示，带回差调节功能和温度线性补偿功能，操作简便。SWQ-IA 型温控仪测控温范围－50～150 ℃，分辨率 0.1 ℃，控制精度±0.1 ℃，回差调节±(0.1～0.5)℃，采用 Pt100 温度传感器（插入深度 50 mm，响应时间 10 s）及触点式控制≤3 kW 的加热器。该仪器前面板如图 2-2-3 所示。

SWQ 智能数字恒温控制器的使用方法：

1. 将感温探头、加热器与后盖板对应的"传感器"、"加热"接口相连。

2. 将感温探头插入恒温槽的液体介质中，仪器接入 220 V 电源，打开电源开关，左边 LED 显示介质实际温度，右边 LED 显示 000.0 ℃。

3. 温度控制设置　①按动"↻"键，右边 LED 的第一位闪烁，再按动"△"键，此时 LED 依次显示"0"、"1"、"－"、"－1"；②按动"↻"键，右边 LED 的第二位闪烁，再按动"△"或"▽"键，此位将从"0"开始逐渐增加或减小；③同样方法调节右边 LED 的其他位数，直至完成温度设定。当 LED 的所有数字均不闪烁，其显示值即为所设定的温度值。

4. 回差温度设置　回差指在仪器测量范围内被测温度的最大偏差，即恒温槽的温度波动范围。按"回差"键，回差"0.5"、"0.4"、"0.3"、"0.2"、"0.1"相应的指示灯依次亮起，选择设置所需的回差温度。

5. 当液体介质实际温度小于设定温度与回差温度的差值，加热器处于加热状态；当介质温度大于设定温度与回差温度的差值，加热器停止加热。

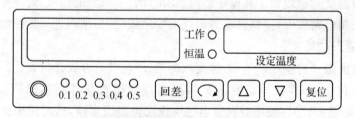

图 2-2-3　SWQ 智能数字恒温控制器前面板示意图

三、超级恒温槽

超级恒温槽的工作原理与恒温槽相同,501 型超级恒温槽的结构如图 2-2-4 所示。超级恒温槽外壳有保温层,并设有内外两个恒温筒,内筒恒温精度可达 ±0.02 ℃。仪器内部设有水泵,可将恒温外筒的水对外循环输送,在无需外送时,需用橡皮管连接水泵进出水口。若要控制低于室温,可将蛇形冷凝管中通以冷水协助调节。冷水可经过冰盐浴或其他冷却剂预先冷却。

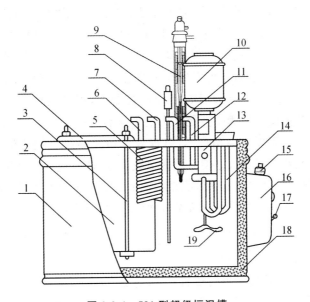

图 2-2-4 501 型超级恒温槽

1. 恒温槽外筒   2. 恒温内筒   3. 恒温内筒活动支架   4. 恒温内筒盖
5. 冷凝管   6. 冷凝液入口   7. 冷凝液出口   8. 感温探头
9. 电接点水银温度计   10. 电动机   11. 水泵进水口   12. 水泵出水口
13. 水泵   14. 加热器   15. 电接点水银温度计接线柱   16. 控制器箱
17. 控制开关   18. 恒温槽外筒保温层   19. 搅拌器

501 型超级恒温槽采用电接点水银温度计作温度调节器,缓慢左右旋转电接点温度计的调节磁帽,使温度计内调节杆带动钨丝徐徐上升或下降,一般将指示螺母的示值调到比所要控制的温度低 1～2 ℃,依次打开电源开关、电动机及加热器开关。红灯亮指示开始加热,到达指定温度后红灯熄灭、绿灯亮起,表示加热器停止工作。观察精密温度计读数,据其与所要控制温度的差值,进一步调节钨丝的位置。反复进行,直到恒温在指定温度为止。

超级恒温槽用水作介质时,必须使用蒸馏水,注入必须适量。若需向外输送恒温水,在连接水泵进出水口时,要先关闭电动机开关,否则水泵将恒温水不断打出,易发生意外事故。用毕应及时将进出水口用橡皮管连上。若要高温使用,可更换液体介质,同时根据需要更换温度控制器和温度计。

四、PID 精密控温

恒温槽和超级恒温槽的控温装置都是继电器,采用"通"、"断"二位式控制方法,仪器简单,使用简便,但在外界环境条件变化比较大时,控温精度比较差。现在有很多温度控制器采用自动控制系统中最经典、应用最广泛的 PID 控制算法,实现精密控温,还可实现程序控温。PID 调节全称为比例(Proportion)—积分(Integral)—微分(Derivative)控制器,以其结构简单、稳定性好、工作可靠、调整方便而成为工业控制的主要技术之一。

一般说,如果需要恒温精度越高,就要求恒温系统有快速消除温差的能力,加热器电流就需要放大。但是放大倍数越大,调节过程的系统不稳定性就越大。PID 调节主要作用就是解决系统调节的动态稳定性和静态精度之间的矛盾,其核心部件是一个带有负反馈的放大器,按照设定温度与系统实际温度间的偏差信号的变化规律,由调节器自动调节通过加热器的电流大小。

1. 比例(P)调节

比例调节是一种最简单的控制方式,加热电流的大小与偏差信号成正比,在时间上没有延迟。比例大可以加快调节,减小偏差。但是比例过大时,系统的稳定性下降。显然,比例调节存在很大的惯性影响。

2. 积分(I)调节

在积分调节中,控制器的输出与输入偏差信号的积分成正比关系。也就是说,通过加热器电流的大小不仅与偏差信号的大小有关,还取决于偏差存在时间的长短。偏差存在的时间越长,输出电流的变化也就越大,其特点是调节作用存在滞后性。

3. 微分(D)调节

在微分调节中,控制器的输出与输入偏差信号的微分(即偏差的变化率)成正比关系。也就是说,通过加热器电流的大小与偏差的存在与否无关,只与偏差的变化速率有关。所以微分调节作用具有预见性,能预见偏差变化的趋势,产生超前的控制作用,即在偏差还没有形成之前,已被微分调节所消除,从而可明显改善系统的动态性能。显然,微分调节不能单独使用,必须组成 PD或 PID 控制器才能工作。

在精密控温仪中,合理利用 P、I、D 三种调节作用的特点,优势互补,实现加热电流的自动、精确调节,提高恒温系统的控温精度。

2.3　真空技术与压力测量

大气压强常用与大气压相平衡时的汞柱高度表示,规定温度在 0 ℃、纬度 45°的海平面处、重力加速度为 9.80665 m·s^{-2}、水银密度为13595.1 kg·m^{-3}时,760 mmHg 所产生的压力为 101.325 kPa,称为标准大气压。系统内气体压强小于标准大气压的气体空间称为真空,真空的压力常用真空度度量,真空度数值是系统压强低于标准大气压的值。空间真空度越高,表示该空间气体压强越低。根据真空的特点及应用要求,真空区域可划分为粗真空($10^5 > p > 10^3$ Pa)、低真空($10^3 \geqslant p > 10^{-1}$ Pa)、高真空($10^{-1} \geqslant p > 10^{-5}$ Pa)、超高真空($10^{-5} \geqslant p > 10^{-9}$ Pa)、极高真空($p \leqslant 10^{-9}$ Pa)。

不同的真空,气体分子密度也不同,为了获得真空,必须设法将气体分子从密闭系统中抽出。凡是能从密闭空间中抽出气体,使气体压力降低的装置,均称为真空泵。真空泵种类很多,按抽气原理可分为两大类:一类是压缩型真空泵,另一类是吸附型真空泵。真空技术的应用已十分广泛,从日常生活用品的生产制造,到真空镀膜、原子能、可控热核反应、表面物理研究,再到医药工业中用到的真空冷冻干燥技术,真空技术已成为实验室的基本手段和必备知识。

一、旋片式真空泵

旋片式真空泵属于油封机械泵,其结构如图 2-3-1 所示。旋片式真空泵内圆柱形气缸(定子)内有偏心圆柱作为转子,当转子绕轴转动(350~750 rpm)时,其最上部与气缸内表面紧密接触,沿转子的直径装有两个旋片,其间装有弹簧,使旋片在转子转动时借离心力和旋片弹簧的弹力与定子内表面紧密接触,把气缸分隔为吸气、压缩、排气三个空间,并使吸气空间容积周期性扩大而吸气,排气空间容积周期性缩小而压缩气体,借压缩气体的压力推开排气阀门而排气,从而获得真空。为了减少转动摩擦和防止漏气,排气阀门及其下部的机械泵内部的空腔部分用密封油密封。机械泵用的密封油要求在泵工作温度下有较小的饱和蒸气压和适当的黏度,泵的极限真空度一般在 $1 \sim 10^{-1} Pa$,抽气速率每分钟数十升到数百升。旋片式真空泵具有体积小、质量轻、噪音低、启动方便等优点,实验室常用它获得低真空,或作为获得高真空的前级泵,即与增压泵、扩散泵等组成高真空机组。

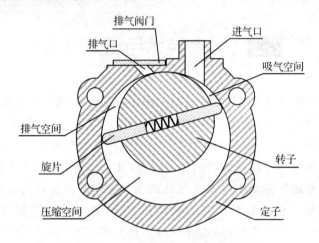

图 2-3-1　旋片式真空泵内部结构示意图

1. 旋片式真空泵的工作原理

旋片式真空泵的抽气原理如图 2-3-2 所示,是基于气体的压缩和膨胀。第一阶段[图 2-3-2(a)]旋片 1 处于垂直位置,尚未开始吸气。第二阶段[图 2-3-2(b)]旋片 1 转过一定角度,吸气空间逐渐增大气体从进气口进入吸气空间。第三阶段[图 2-3-2(c)]旋片继续旋转,被封闭在旋片 1、2 间的气体受到压缩,压强不断升高。第四阶段[图 2-3-2(d)],当旋片 2 转过排气口,气体进入排气空间,随排气空间减小气体压强继续增大,当压强超过一定值时,气体推开排气阀门穿过密封油层由排气管排出。当排气结束,恢复到第一阶段,只是旋片 1、2 位置交换了[图 2-3-2(e)]。抽气过程继续,当转子旋转一周时,旋片 1、2 各吸入一次气体和排出一次气体,一共完成了两次吸气过程和两次排气过程。

2. 旋片式真空泵使用的注意事项

(1)油泵不能用来直接抽吸易液化的蒸气(如水蒸气)、挥发性液体(如乙醚、苯等),必须在油泵进气口前连接吸收塔或冷阱。如用 $CaCl_2$ 或 P_2O_5 吸收

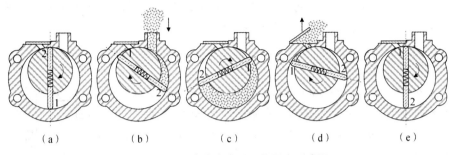

（a）　　　　（b）　　　　（c）　　　　（d）　　　　（e）

图 2-3-2　旋片式真空泵工作原理示意图

水蒸气，用石蜡油吸收烃蒸气，用活性炭或硅胶吸收其他蒸气；冷阱常用制冷剂有干冰（$-78\ ℃$）或液氮（$-196\ ℃$）。在泵启动后宜先打开气镇阀，运转 $20\sim30\ min$ 后再关闭气镇阀。停泵前，可再打开气镇阀空载运行 $30\ min$，以延长泵油寿命。

（2）油泵不能用来抽吸腐蚀性气体（如 HCl、Cl_2、NO_2 等），腐蚀性气体能侵蚀油泵内精密机件的表面，使真空度下降。必须在油泵进气口前连接固体 $NaOH$ 吸收塔。

（3）油泵不适用于抽吸能与泵油起化学反应的、含有颗粒尘埃的气体，及含氧过高的、有爆炸性的、有毒的气体。

（4）启动前查看油位和油的洁净度，应及时添加或更换泵油。泵油需采用规定的清洁真空泵油，从油孔加入，注油至油标中心为宜，加油完毕应旋紧加油孔螺塞。油位过低无法油封排气阀门，油位过高则会在启动时喷油。运转时，油位有所升高属正常。

（5）连接负压系统的管道，直径应小于泵进气口径，尽可能短且少装弯头，以减小抽速损失。

（6）工作环境温度要求 $5\sim40\ ℃$。当环境温度过高时，油的温度升高，黏度下降，饱和蒸气压增大而引起泵的极限真空下降。加强通风散热或改善泵油性能，泵的极限真空可得到改善。

（7）泵进气口连续接通大气运转不得超过 $1\ min$。

（8）油泵工作时突然断电、停电，以及在油泵停止运转前，应迅速使泵与大气相通，以免泵油进入负压系统，并影响油泵的正常性能。所以在连接负压系统时，应当在油泵的进气口前连接一个安全缓冲瓶，以玻璃活塞控制与系统的通断，安全瓶上另有玻璃活塞控制与大气的连通。

(9)油泵由电动机带动,使用时应注意输入电压。运转时电动机温度不能超过 60 ℃。正常运转时不应有摩擦、金属撞击等异声。

二、压力测量

在化学实验、化工生产中,经常进行压力测量。在物理化学实验中,涉及高压(钢瓶)、常压以及真空系统,对不同的压力范围,测量方法和使用的仪器也各不相同。常用的测量压力的仪表很多,按其工作原理大致可分为四大类:①液柱式压力计,它是根据流体静力学原理,把被测压力转换成液柱高度。利用这种方法测量压力的仪表有 U 形管压力计(图 2-3-3)、倒 U 型压差计、单管压力计、斜管压力计等。②弹簧式压力计,它是根据弹性元件受力变形的原理,将被测压力转换成位移,利用这种方法测量的仪表主要有弹簧管压力计等。③活塞式压力

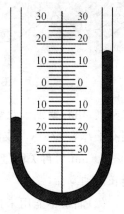

图 2-3-3　U 形管压力计

计,它是根据水压机液体传递压力的原理,将被测量压力换成活塞面积上所加平衡砝码的重量。它普遍地被作为标准仪器用来对弹簧管压力计进行校验和刻度。④电气式压力计,它是将被测压力的变化转换成电阻、电感或电势等电量的变化,从而实现压力的间接测量。这种压力计反应迅速,易于远距离传送结果,在测量压力快速变化、脉动压力、高真空、超高压的场合也能良好运行。

1. U 形管压力计

U 形管压力计用一根粗细均匀的玻璃管弯制而成,内装有液体(常用 Hg、H_2O、CCl_4 等)作为指示液。U 形管压差计两端连接两个测压点,当 U 形管两边压强不同时,两边液面便会产生高度差。若 U 形管一端与设备连接,另一端与大气相通,这时读数所反映的是设备中的绝对压强与大气压之差。U 形管压力计测量范围低于 1000 mmHg 的压力、压差和负压,精度较高,使用简单方便。使用时需注意:

(1)使用 U 管压力计时,要注意每一具体条件下液柱高度读数的合理下限。

(2)跑汞问题:汞因密度很大作为 U 形管指示液很理想,但需要注意防止跑汞,避免污染环境,造成实验室安全问题。防止跑汞的主要措施有设置平衡阀、设置球状缓冲室等。

2. 弹性压力计

弹性式压力表的弹性敏感元件(如波登管、膜片、膜盒、波纹管)感受压力发生弹性变形,由表内机芯的转换机构将该弹性变形传导至指针,引起指针转动来显示压力。常用的弹簧管压力计由表壳部分、指针、刻度盘、弹簧管、传动机构和管接头等五个主要部件构成。被测压力由接头通入,引起弹簧管自由端产生弹性变形,向右上方外移,使得通过拉杆连接的扇形齿轮作逆时针偏转,带动中心齿轮及固定在中心齿轮轴上的指针作顺时针偏转,从而在刻度标尺上显示出被测压力的数值,刻度盘的指示范围一般做成 $270°$。弹性压力计分真空表和正压力表,刻度分别为 mmHg 和 atm,它是工业生产和实验室中应用最广的一种压力计,具有以下特点:

(1)结构简单,坚实牢固,价格低廉。

(2)准确度较高,测量范围广。

(3)便于携带和安装使用,可以配合各种变换元件做成各种压力计。

(4)可安装在各种设备,可制成特殊形式的压力表,还能在恶劣环境条件下工作。

(5)其频率响应低,不宜用于测量动态压力。

3. 电测压力计

在负压的测量中,由于 U 形管压力计保存不便,Hg 有毒且容易污染,无法实现测量的智能化,现在很多实验室已推广使用电测压力计。电测压力计由压力传感器、测量电路和电性指示器三部分组成。压力传感器感受压力并把压力参数变换为电阻(或电容)信号输到测量电路,测量值由指示仪表显示。电测压力计还可实现自动记录、远距离测量。

电测压力计的核心是压力传感器,图 2-3-4 显示了 BFP-1 型负压传感器的工作原理。传感器中应变梁一端固定,另一端和连接负压系统的波纹管相连。当系统压力通过波纹管作用使应变梁发生翘曲,引起其两侧四块 BY-P 半导体应变片电阻值的变化,这四块应变片组成不平衡电桥。

测量时,AB 端输入一定的工作电压,首先调节 R_x 使桥路平衡,输出端 CD 的电位差为零,表示传感器内部压力恰与大气压相等。随后将传感器接入负压系统,因压力变化导致半导体应变片电阻值的变化,电桥失去平衡,输出端得到一个与压力差成正比的电位差 V,测出该电位差值,计算机自动核对在同样条件下得到的电位差—压力工作曲线,指示出相应的压力值。

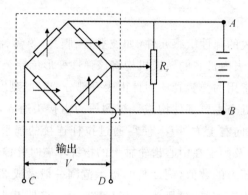

图 2-3-4　BFP-1 型负压传感器测压原理示意图

三、高压钢瓶

化学实验室中常常运用一些特殊气体,它们都装在高压气体钢瓶中。高压钢瓶上装有压力表,根据实验需要调整到所需的压力,再输送到目的地。钢瓶使用一般分两步控制,首先把总阀门完全打开,观察高压表的压力值,然后再慢慢调节减压阀(图 2-3-5),同时注意低压表头显示的压力数值,达到要求时就停止调节。

1. 气瓶的分类与标志

按工作压力不同,气体的型号分类见表 2-3-1:

表 2-3-1　气瓶的型号分类

钢瓶型号	用途	工作压力/MPa
150	装 H_2、O_2、N_2 和惰性气体等	14.7
125	装 CO_2 等	11.8
30	装 NH_3、Cl_2 等	2.94
6	装 SO_2 等	0.588

根据高压钢瓶中所充气体不同,气瓶涂以不同颜色,以便识别,高压气瓶的标志见表 2-3-2:

表 2-3-2　高压气瓶的标志

气体类别	瓶身颜色	标字颜色	气体类别	瓶身颜色	标字颜色
氧气	天蓝	黑	二氧化碳	黑	黄
氢气	深绿	红	氨气	黄	黑
氮气	黑	黄	氯气	草绿	白
氦气	棕	白	乙炔	白	红
压缩空气	黑	白	氩气	灰	绿

2. 高压气体钢瓶使用的注意事项

高压气体钢瓶是在高压状态下工作,为避免事故,特殊气体的使用一定要特别强调安全。

(1)瓶上要有明确的气体类型、名称、标志,不能随便交叉使用。即使是同一种气体,如果纯度不同,也不能将"高纯"气瓶与"普通"钢瓶混用。

(2)搬运钢瓶时,要戴上瓶帽、橡皮腰圈,不要在地上滚动,避免撞击和碰倒。

(3)已充气的钢瓶受热内部气体膨胀,当压力超过钢瓶最大负荷时将会爆炸,所以钢瓶应存放在阴凉、干燥、远离阳光、暖气等热源地方,远离易燃、易爆物。实验室中钢瓶要固定好,不允许碰倒发生意外。

(4)钢瓶使用前要装上减压阀,确保接口牢靠不漏气。一般可燃性气体钢瓶上阀门的螺纹为反扣,非可燃性气体钢瓶上阀门的螺纹为正扣。各种减压阀和气表绝不能混用。

(5)开、闭气瓶阀门时,应避开瓶口方向站在侧面,不允许把头或身体对着钢瓶总阀门,以防万一阀门或气压表冲出伤人,开启阀门时用力要轻而均匀,速度不可太快。关气时要先关掉钢瓶的总阀门,然后把压力表上剩余的气体放掉,再旋松减压阀门的调压螺钉。

(6)氧气瓶严禁与氢气瓶在同一实验室使用。氧气瓶的瓶嘴、减压阀严禁沾污油脂。在开启氧气瓶时还应特别注意手上、工具上不能有油脂,扳手上的油应用酒精洗去,待干后再使用,以防燃烧和爆炸事故。

(7)随时观察钢瓶气压,不可将钢瓶内气体全部用完,最少留有 0.05 MPa 剩余压力,乙炔留有 0.2~0.3 MPa 余压,氢气留有 2 MPa 余压,以防重新灌气时发生危险。

(8)钢瓶要按规定定期送交检验,不合格的气瓶应坚决报废或降级使用。

3. 气体减压阀的构造和使用

高压气体钢瓶中气体压力很高,而使用时所需要的压力却较小,单靠钢瓶阀门无法准确调节气量,为降低压力并保持稳压,必须用气体减压阀控制,它是调节压力不可缺少的一个重要部件。不同的气体有不同的减压阀,外表都漆以不同的颜色加以区别。

氧气减压阀结构及工作原理如图 2-3-5 所示。当顺时针旋紧减压阀调压手柄,压缩调压弹簧,作用力通过橡皮膜、顶杆打开活门,高压氧气(其压力由高压表指示)由高压室经活门调节减压后进入低压室(其压力由低压表指示),当达到所需压力时,停止转动手柄,开启供气阀,将氧气输送到受气系统。

停止用气时,可逆时针旋松调压手柄,使调压弹簧恢复原状,活门由上方弹簧作用密闭。气瓶停止使用时,应先关闭气瓶总阀,然后顺时针旋紧调压手柄,放空高压室和低压室的气体,高压表和低压表示值下降为零,最后再逆时针旋松调压手柄完全关闭减压阀。

安装减压阀时,应先确定减压阀种类是否与气瓶相符,尺寸规格是否与钢瓶和工作系统接头一致,用手拧满螺纹后,再用扳手上紧,以防漏气。在打开高压钢瓶总阀前,务必确认减压阀是否旋松完全关闭。绝不可以在减压阀处在开放状态(调压手柄顶紧状态)时打开钢瓶总阀,否则极易发生事故。

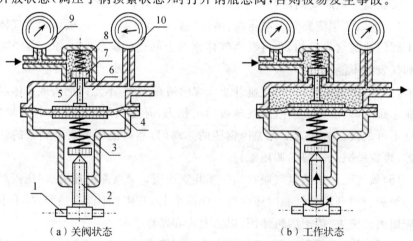

(a)关阀状态　　　　　　(b)工作状态

图 2-3-5　氧气的减压阀结构及工作原理示意图

1. 调压手柄　2. 调压螺钉　3. 调压弹簧　4. 橡皮膜　5. 顶杆　6. 低压室

7. 活门　8. 高压室　9. 高压表　10. 低压表

附:

DP-AF 精密数字(真空)压力计

DP-AF 精密数字(真空)压力计由南京桑力电子设备厂生产,具有正负压力检测功能,适用于低真空检测,可以代替 U 型水银压力计。精密数字压力计采用 CPU 对压力数据进行非线性补偿和零位自动校正,可以在较宽的环境温度范围内保证准确度和长期稳定性。该压力计测量范围 $-100\sim0$ kPa,分辨率 0.01 kPa,工作环境温度 $-10\sim50$ ℃,除氟化物气体外的其他气体均可使用。

1. 操作前准备

(1)用内径 4.5～5 mm 的真空橡胶管连接仪器压力接口与待测系统。将前面板电源开关置于"ON"的位置,接通电源,预热 5 min。按动"复位"键,显示器和指示灯亮,仪表处于工作状态。

(2)接通电源后,初始状态"kPa 指示灯"亮,LED 显示以"kPa"为单位的压力;可按动"单位"键切换所需单位,"mmHg 指示灯"亮则 LED 显示以"mmHg"为单位的压力。

2. 操作步骤

(1)测试前必须按一下"采零"开关,使仪表自动扣除传感器零压力值(零点飘移),LED 显示"00.00",保证正式测试时显示值为被测介质的实际压力值。

(2)缓慢接通待测系统,LED 显示值即为该温度下系统的实际压力值。

(3)在待测系统泄压后,将电源开关置于"OFF"位置,即关机。

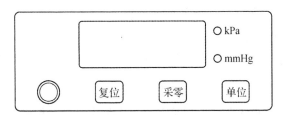

图 2-3-6　DP-AF 精密数字(真空)压力计前面板示意图

3. 注意事项

(1)切忌固体颗粒或其他硬物进入仪器接嘴内,否则会损坏压力传感器。

(2)LED 显示异常,仪器可能受电源干扰,程序出现错误,按一下"复位"键重启。

(3)压力值无法稳定或迅速回落,检查检测系统的气密性。

2.4 电化学测量技术

电化学测量技术是建立在电化学基本原理上的系统研究方法,在物理化学实验中占有重要地位,常用于研究电解质溶液热力学问题,如活度系数、溶度积、pH 值等的测量。非平衡态下电动势测定还可用于定性、定量分析,做电极反应动力学、反应机理、电极表面过程等研究。基础物理化学实验主要介绍溶液电导、电池电动势的测定。

一、电导测量

1. 电导

电导 G 是电阻 R 的倒数,电导的测量实际上是通过电阻值的测量换算而得的。电解质溶液依靠离子的定向迁移而导电,其电导值不仅反映了电解质溶液中离子存在的状态及其运动的信息,而且由于稀溶液中电导与离子浓度间存在简单的线性关系,被广泛应用于分析化学和化学动力学过程的测试。

$$G = \frac{1}{R} = \kappa \frac{A}{l} \qquad (2.4.1)$$

式中,G—电导,西门子,S;

$\quad R$—电阻,欧姆,Ω;

$\quad \kappa$—电导率,$S \cdot m^{-1}$(稀溶液常用 $\mu S \cdot cm^{-1}$);

$\quad A$—电导电极间液柱的有效横截面积,m^2;

$\quad l$—电导电极间的有效距离,m。

2. 电导池、电导池常数、温度系数

电导池主要由两个平行的电极构成,电极之间充满被测溶液。为了防止极化,一般都用镀铂黑的铂电极,多孔的铂黑增加了电极的表面积,使电流密度减小,极化效应变小,电容干扰也降低。但由于铂黑有可能对某些物质起催化作用,也可能从溶液中吸附溶质,从而改变溶液浓度,所以在测量极稀溶液(低于 20 $\mu S \cdot cm^{-1}$)的电导率时,多用 DJS-1 型光亮铂电极。电导率介于 $20 \sim 2 \times 10^4$ $\mu S \cdot cm^{-1}$可用 DJS-1 型铂黑电极,大于 20 $mS \cdot cm^{-1}$可用 DJS-10 型铂黑电极。

$$\kappa = G\frac{l}{A} = K_{cell} \cdot G \qquad\qquad (2.4.2)$$

式中，K_{cell}——电导池常数，cm^{-1}。

电导池常数表示了在均匀电场下电导电极的几何尺寸关系，又叫电极常数。由于电导池的有效几何参数难以直接测量，所以常通过测量电导率 κ 准确已知的标准物质溶液（常用 KCl 溶液）的电导 G，用相对测量方法确定电极常数。也可在电导率仪测定标准溶液的电导率时直接缓慢调整电极常数，使仪器显示的数值与其理论值一致，从电导率仪上就可以直接读取电极常数。

为了精确测定溶液的电导率，电导电极常数需要经常标定，直接采用生产厂家给定的电极常数进行测量可能严重偏离真实值。特别是电极老化时，铂黑镀层不够均匀紧密，电极常数不稳定，所测数据线性较差。同一支电极在不同的电导率仪上使用，测得的电极常数可能也有差别。标定电导电极常数一般用 KCl 标准溶液，其配制方法及不同温度时的电导率见附录表 4-7。

温度是影响电导的重要因素，温度越高，溶液的电导率值越大，所以电导的精确测量必须在恒温条件下进行，温差控制在 ±0.1 ℃，每次换溶液需恒温 10～15 min。一般测量可采用温度补偿法，温度补偿就是为了克服温度的影响，将溶液在实际温度下的电导率值转换为参考温度（一般为 25 ℃）下的电导率值，使得溶液在不同温度下的电导率具有可比性。

温度每变化 1 ℃，电解质溶液电导率的相对变化称为电极的温度系数。对于电导率大于 1 $\mu S \cdot cm^{-1}$ 的强电解质溶液，电导率与温度存在线性关系，其温度系数 α 可以近似表示为：

$$\alpha = \frac{\kappa - \kappa_R}{\kappa_R(t - t_R)} \times 100\% \qquad\qquad (2.4.3)$$

式中，κ——温度 t 时的溶液电导率；

$\quad\quad\ \kappa_R$——参考温度 t_R 时的溶液电导率。

3. 电导、电导率测量原理

电解质溶液属第二类导体，电导的测量不同于第一类导体，不能用直流电桥测量。为避免通电时发生化学反应和极化现象，溶液的电导测量通常用较高频率（1000 Hz 纯正弦波）的交流电桥。

常用的交流电桥有惠斯通电桥（图 2-4-1），其中 R_2、R_3 为交流电桥的比例臂，R_1 和 C 为可变的标准电阻和电容，用以模拟电导池的等效电路。测量时，由振荡器产生的高频交变信号加至电桥 1、2 两端，调节 R_1 和 C 使之分别等于电导池等效电路的电阻和电容部分,并联的补偿电容 C 抵消了电导池所产生的电容,电桥 3、4 两点的电位相等,其间无信号输出,电桥达桥臂平衡。以示波器作为零电流指示器(不能用直流检流计),在寻找零点的过程中电桥输出信号十分微弱,因此示波器前加一放大器,得到 R_x 后,即可换算成溶液的电导。

$$R_x = \frac{R_1}{R_2} \cdot R_3 \tag{2.4.4}$$

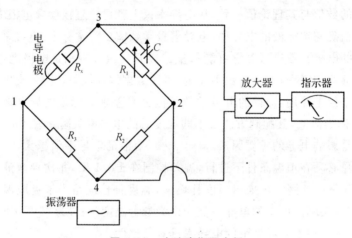

图 2-4-1 交流惠斯通电桥

化学实验室常用 DDS-307 型电导率仪测量电解质溶液的电导率,是基于电阻分压的不平衡测量。电导率仪工作原理如图 2-4-2 所示,振荡器产生的交流信号电压 E,通过电导池 R_x 和分压电阻 R_m 的串联回路,由此可得分压电阻 R_m 上的电压降 E_m 为:

$$E_m = \frac{R_m}{R_m + R_x} \cdot E \tag{2.4.5}$$

代入(2.4.1)、(2.4.2)式,得:

$$E_m = \frac{R_m}{R_m + \dfrac{K_{cell}}{\kappa}} \cdot E \tag{2.4.6}$$

显然,电导池里溶液的电导率 κ 越大,电导池 R_x 越小,分压电阻 R_m 上的电压降 E_m 也就越大,所以检测 E_m 的大小就可知溶液的电导率 κ。将 E_m 送至放大器中放大,并作线性化处理,使溶液的电导率与进入指示器的电信号成正比关系,指示器表头上就可直接显示溶液的电导率。

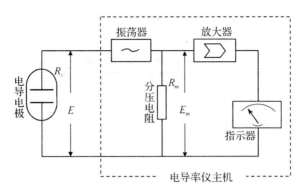

图 2-4-2　电导率仪电路示意图

4. DDS-307 型电导率仪使用方法与注意事项

DDS-307 型电导率仪结构如图 2-4-3 所示,测量范围广(0.001～2×10⁵ μS·cm⁻¹),测量精度高,数显直读,操作方便,可靠性好,具有电极常数补偿及手动、自动温度补偿功能。仪器在全量程范围内都可使用电极常数标称值为 1 的电导电极,适用于测量高纯水、蒸馏水等各种水样及一般电解质溶液的电导率。

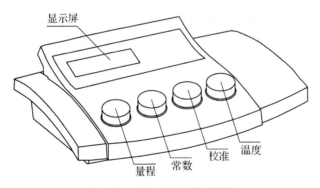

图 2-4-3　DDS-307 型电导率仪

(1)预热　将仪器插入有良好接地的电源插座,接通电源预热。

(2)校准　将"量程"旋钮指向"检查"挡,"常数"补偿旋钮指到"1"刻度线,"温度"补偿旋钮指到"25"刻度线,调节"校准"旋钮,使仪器显示"100.0"。

(3)电极常数设置　测量电导率应正确选择电导电极(表 2-4-1),以获得较高的测量精度。调节"常数"补偿旋钮到仪器显示读数与电导电极实际常数值一致。如电极实际常数为 0.1025 cm⁻¹,调节"常数"补偿旋钮到仪器显示

"102.5"(忽略小数点位数);电极实际常数为 0.989 cm^{-1},调节"常数"补偿旋钮到仪器显示"98.9"(忽略小数点位数)。

表 2-4-1　电导电极选择表

测量范围/(μS·cm^{-1})	电极常数标称值	推荐电极
0.001~0.01	0.01	DJS-1C 光亮电极
0.01~20	0.1	
2~2×10^4	1	DJS-1C 铂黑电极
2×10^4~2×10^5	10	DJS-10C 铂黑电极

(4)温度补偿设置　若仪器切换到手动温度补偿功能,调节"温度"补偿旋钮到仪器显示待测溶液的实际温度,此时测量结果是待测溶液折算为 25 ℃的电导率值。如果"温度"补偿旋钮指到"25"刻度线,那么测量结果是待测溶液在实际温度下的电导率值。

(5)测量　清洗、吸干电导电极,再用待测溶液清洗一次,把电极浸入待测溶液中,调节"量程"旋钮至显示屏有读数。若显示值熄灭,说明溢出该挡位测量范围,此时可切换至高一挡量程进行测量。

待测溶液的电导率测量值等于仪器读数与电极常数标称值的积,如,仪器读数为"1.23",电极实际常数为 0.1025 cm^{-1}(其电极常数标称值为 0.1),则此溶液的电导率测量值是:

$$1.23 \times 0.1 = 0.123(\mu S \cdot cm^{-1})$$

如仪器读数为"20.36",电极实际常数为 0.989 cm^{-1}(其电极常数标称值为 1),则溶液电导率是:

$$20.36 \times 1 = 20.36(\mu S \cdot cm^{-1})$$

(6)结束　用蒸馏水清洗电极,关机。

DDS-307 型电导率仪使用时应注意:

①电极插头、引线、连接杆不能受潮、沾污。

②量程设置要正确,需置于溢出挡的高一挡量程进行测量,能在低一挡量程内测量的,不放在高一挡量程内测量。

③在"量程"旋钮转换测量挡位时,必须对仪器重新校准。校准时,"温度"补偿旋钮必须置于"25"位置,电导电极需浸入待测溶液。

④仪器内置的温度系数为 2%/℃,与此温度系数不符的溶液使用温度补偿将会有误差,因此,进行高精度测量或检测高纯水时,应采用无温度补偿方

式进行,测量其实际温度下的电导率,然后代入温度系数公式(2.4.3)计算。或者将待测溶液恒温在 25 ℃,直接求其在 25 ℃时的电导率。

⑤测量高纯水(低于 1 μS·cm^{-1})或超纯水(低于 0.1 μS·cm^{-1})的电导率时,应进行密封或流动测量,防止空气中 CO_2 等气体溶入水中使电导率迅速增加。

⑥电极在使用前需浸泡在低于 0.5 μS·cm^{-1} 的电导水中清洗,容器必须清洁,电极吸干时不能触及铂黑。清洗电极等过程应将"量程"旋钮置于"检查"位置。电极短期不用可浸泡在电导水中,长期不用则洗净干燥保存,使用前用电导水浸泡 4~5 h。

⑦电极老化或进行高精度测量,需进行电极常数标定,必要时可对电极重新镀上铂黑。

5. 电导水的制备

为了测定溶液的电导,应用高纯水配制溶液,要求水中除含 H^+ 和 OH^- 外,不含其他离子,其电导率应小于 1 μS·cm^{-1},通常将这种高纯水称为电导水。一般蒸馏水中常含有一定量 CO_2、痕量的 NH_3 和有机物,使其电导率增大。制备电导水的方法有重蒸馏法和离子交换法。

(1)重蒸馏法 用硬质玻璃蒸馏器(最好是石英蒸馏器)进行蒸馏水的再次蒸馏。每升蒸馏水中加入 3 g $KMnO_4$ 以氧化有机物,将蒸出的重蒸馏水再放入另一套石英蒸馏器中,加入少许 $BaSO_4$(用于除 CO_2)和 $KHSO_4$(用于除 NH_3)再蒸馏。收集蒸出的电导水,弃去刚冷凝和最后冷凝的 10~20 mL 水,并保存于有碱石灰吸收管的硬质玻璃瓶或塑料瓶中。

(2)离子交换法 以大型离子交换柱生产的水作原料水,将其通过实验室小型混合树脂交换柱。用电导率仪测量再次交换后的水,若电导率小于 1 μS·cm^{-1},便可收集。

收集电导水的容器应相当洁净,电导水一般保存期约十天,使用前应用电导率仪测量其电导率是否还合格。

二、电池电动势的测量

电池反应是两个电极反应的总和,其电动势等于组成该电池的两个电极电势的代数和。电池电动势必须在可逆条件下测量,即测量时电池几乎没有电流通过,所以电池电动势不能通过一般的伏特计测定。用伏特计测量时,电池电动势的一部分降在仪器的采样电阻上，另一部分则降在电池的内电阻上。电池电动势测量常采用对消法。

1. 对消法基本原理

对消法是在外电路加一个方向相反、大小几乎相同的电池，用以对抗待测电池电动势，使通过外电路的电流几乎为零，有效地克服电池内阻的电压降，并避免因电池中发生化学反应而导致溶液浓度的变化。

对消法线路如图 2-4-4。先将转换开关 K 与标准电池（电动势为 E_s）相连，改变滑动电阻 AB 的滑动接头位置到 C_1（阻值为 AC_1），此时检流计 G 无电流流过，AC_1 段电阻的电势差数值上与 E_s 相等，方向相反，实现完全抵消。转换 K 与待测电池（电动势为 E_x）相连，改变滑动电阻位置到 C_2（阻值为 AC_2），G 再次指示为零，AC_2 段电阻的电势差与 E_x 相等，所以

$$E_x = \frac{AC_2}{AC_1} \cdot E_s \tag{2.4.7}$$

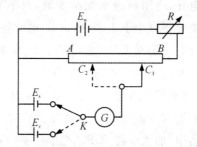

图 2-4-4　对消法测定电池电动势示意图

2. 参比电极

电池电动势是正、负电极的电动势之差，所以一般把待测电极与参比电极组成电池，测此电池电动势，根据参比电极的电势可求得待测电极电势。参比电极应选择可逆性好、电极电势稳定、重现性高的电极。常用参比电极有氢电极、甘汞电极、银—氯化银电极等。

甘汞电极装置简单，制作方便，可逆性高，电极电势稳定，单液接甘汞电极如图 2-4-5(a) 所示，甘汞电极可表示为：

$$Hg(l), Hg_2Cl_2(s) \mid KCl(a)$$

电极反应 $\quad Hg_2Cl_2(s) + 2e^- \rightarrow 2Hg(l) + 2Cl^-(a_{Cl^-})$

电极电势 $\quad \varphi_{Cl^-/Hg_2Cl_2,Hg} = \varphi^{\ominus}_{Cl^-/Hg_2Cl_2,Hg} - \frac{RT}{F}\ln a_{Cl^-}$ $\tag{2.4.8}$

甘汞电极电势与 KCl 溶液浓度有关,常用的有 $0.1\ mol \cdot L^{-1}$、$1.0\ mol \cdot L^{-1}$ 和饱和 KCl 甘汞电极,以饱和 KCl 甘汞电极最为常见。不同甘汞电极电势与温度关系见表 2-4-2:

表 2-4-2　甘汞电极电势与温度关系

甘汞电极种类	KCl 溶液浓度 /$(mol \cdot L^{-1})$	电极电势 φ / V
饱和甘汞电极	饱和溶液	$0.2412 - 6.61 \times 10^{-4}(t-25) - 1.75 \times 10^{-6}(t-25)^2 - 9 \times 10^{-10}(t-25)^3$
标准甘汞电极	1.0	$0.2801 - 2.75 \times 10^{-4}(t-25) - 2.50 \times 10^{-6}(t-25)^2 - 4 \times 10^{-9}(t-25)^3$
$0.1\ mol \cdot L^{-1}$ 甘汞电极	0.1	$0.3337 - 8.75 \times 10^{-5}(t-25) - 3 \times 10^{-6}(t-25)^2$

* 表中电极电势与温度关系在 101.325 kPa 下使用,温度 t 使用摄氏温度。

银—氯化银电极[图 2-4-5(b)]是实验室中另一种常用的参比电极,属于金属—微溶盐—负离子型电极。其电极可表示为:

$$Ag(s) \mid AgCl(s) \mid KCl(a)$$

电极反应　　　　$AgCl(s) + e^- \rightarrow Ag(s) + Cl^-(a_{Cl^-})$

电极电势　　　$\varphi_{Cl^-/AgCl,Ag} = \varphi^{\ominus}_{Cl^-/AgCl,Ag} - \dfrac{RT}{F}\ln a_{Cl^-}$　　　(2.4.9)

实验室常用电镀法制备银—氯化银电极。待镀的电极可用银丝(纯度超过 99.99%)或银电极,新电极需用丙酮洗去表面油污,旧的银—氯化银电极则用 1:1 的氨水浸泡片刻,待 AgCl 溶解后用蒸馏水冲洗干净。制备时先镀银,新的银镀层活性好,再镀上的 AgCl 镀层更牢固。

将 3 g $AgNO_3$、7 mL 浓氨水溶于 50 mL 蒸馏水,再加入 60 g KI 搅拌溶解,蒸馏水稀释到 100 mL 为镀银溶液。以待镀银电极作阴极、铂电极作阳极,置于镀银溶液中,以 4 V 电压、$2 \sim 7\ mA \cdot cm^{-2}$ 电流密度镀银 2 h。将镀好的银电极仔细冲洗干净,插入 $1\ mol \cdot L^{-1}$ 的 HCl 溶液中,以铂电极为阴极、银电极为阳极,以 $2\ mA \cdot cm^{-2}$ 电流密度电镀 $1 \sim 2$ h 制得褐红色 AgCl 电极。电极冲洗干净避光浸入 KCl 溶液 24 h,再浸泡于蒸馏水 $1 \sim 2$ 天使其充分平衡方可使用。银—氯化银电极不易保存,不用时需浸入 KCl 溶液避光保存,避免 AgCl 干燥剥落或见光分解,使用前与饱和甘汞电极组成电池,用电压表粗测其电动势,约 0.019 V 为好。

银—氯化银电极电势与温度关系:

$$\varphi(V) = 0.2224 - 6.4 \times 10^{-4}(t-25) - 3.2 \times 10^{-6}(t-25)^2 - [0.591 + 2 \times 10^{-4}(t-25)]\lg a_{Cl^-}$$

$$(2.4.10)$$

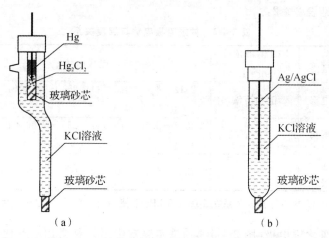

图 2-4-5 甘汞电极(a)和银—氯化银电极(b)

3. 液接电势与盐桥

在两种不同电解质溶液的界面处,或在两种溶质相同而浓度不同的电解质溶液界面处,存在微小的电势差(一般不超过 0.03 V),称为液体接界电势,简称液接电势。液接电势的产生是因为离子的迁移速率不同。例如,两种浓度不同的 HCl 溶液相接触形成界面时[图 2-4-6(a)],则 H$^+$ 和 Cl$^-$ 均从浓度大的一侧向浓度小的一侧扩散。由于 H$^+$ 比 Cl$^-$ 扩散快,所以稀溶液一侧因 H$^+$ 过量带正电,浓溶液一侧则留下多余的 Cl$^-$ 带负电,溶液界面两侧产生电势差。电势差的产生使扩散快的离子减速,扩散速率慢的离子加速,当达到稳定状态时,两种离子以相同的迁移速率通过界面,在界面处形成恒定电势差,即为液接电势。

减小液接电势通常采用的方法是在两个溶液之间安置一个盐桥。盐桥的制备方法是:在烧杯中加入 50 mL 蒸馏水和 1.5 g 琼脂,小火加热至琼脂完全溶解,再完全溶入 15 g KCl,趁热装入 U 形管,U 形管中各部位不能有气泡,待琼脂凝固即可使用。使用时将盐桥两端分别插入两个浓度不大的电极的电解质溶液中,产生两个液接界面,盐桥中 K$^+$ 和 Cl$^-$ 向外扩散成为这两个界面处离子扩散的主流[图 2-4-6(b)]。由于 K$^+$ 和 Cl$^-$ 的迁移速率相近,使盐桥与两个溶液接触产生的液接电势均很小,且两者方向相反,所以部分抵消后可降至 1~2 mV。

盐桥中电解质的选择原则是高浓度,正负离子迁移速率接近,不与电池溶液发生化学反应,常采用 KCl、NH$_4$NO$_3$、KNO$_3$ 饱和溶液。盐桥应保存在饱和 KCl

溶液中以防干涸,由于琼脂含蛋白质,盐桥使用一段时间后需更换,不能长期使用。

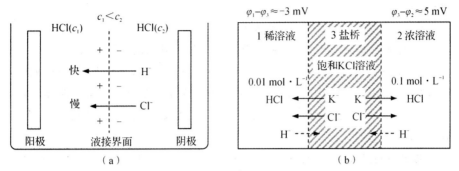

图 2-4-6 液接电势的产生(a)和消除(b)

附:

SDC-Ⅱ数字电位差综合测试仪

SDC-Ⅱ数字电位差综合测试仪基于对消法测量,将电位差计、检流计、标准电池及工作电池合为一体,保持了电位差计的测量结构,并在电路中采用对称设计,保证高精确度测量。该机可使用内部基准进行测量,也可外接标准电池作基准,测量范围 $0\sim5$ V,测量分辨率 10 μV(六位数字显示),内标线性误差 0.05% F.S。该机的操作面板如图 2-4-7 所示。

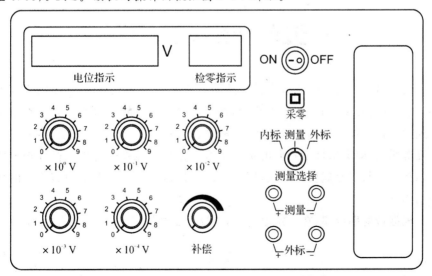

图 2-4-7 SDC-Ⅱ数字电位差综合测试仪操作面板

— 51 —

SDC-Ⅱ数字电位差综合测试仪的使用分为校验和测量两个阶段,具体步骤:

1. 连接 220 V 交流电源,开机预热 15 min。

2. 待测电池按"＋"、"－"极性与"测量"端子对应连接。

3. 用"内标"校验时,将"测量选择"置于"内标"位置,将"10^0"位旋钮置于"1","补偿"旋钮逆时针旋到底,其他旋钮均置于"0",此时"电位指示"显示"1.00000"V。待"检零指示"数值稳定后,按下"采零"键,此时"检零指示"应显示"0000"。

采用"外标"校验时,将外标电池的"＋"、"－"极性与"外标"端子对应连接,将"测量选择"置于"外标"位置,调节"10^0"～"10^{-4}"和"补偿"旋钮,使"电位指示"数值与外标电池电势值相同,待"检零指示"数值稳定按下"采零"键使其指示为"0000"。

4. 校验完毕,将"测量选择"置于"测量"位置,将"补偿"旋钮逆时针旋到底,依次调节"10^0"～"10^{-4}"五个旋钮,使"检零指示"为负值且绝对值最小,再调节"补偿"旋钮,使"检零指示"显示为"0000",此时"电位指示"数值即为待测电池电动势的大小。

测量过程中,测试仪的"检零指示"如显示溢出符号"OUL",说明"电位指示"数值与测电池电动势相差过大。

2.5 折射率的测量

光线自一种透明介质进入另一透明介质的时候,由于两种介质的密度不同,光速发生变化,即发生折射现象(图 2-5-1)。物质的折射率是光在真空中的速度与在该物质中的速度之比,是重要物理常数之一。折射率受光的波长、温度等影响,固定条件下物质的折射率可作为物质纯度的标准。极性物质的摩尔折射率与其电偶极矩有关,所以物质的折射率测定有助于研究物质的分子结构。

根据折射率定律,在一定温度下,介质 1、2 的折射率 n_1、n_2 的关系为:

$$\frac{n_2}{n_1} = \frac{\sin\alpha}{\sin\beta} = n_{1.2} \tag{2.5.1}$$

式中,$n_{1.2}$—相对折射率。

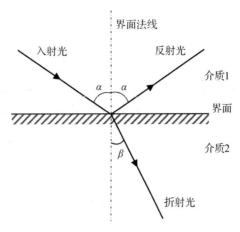

图 2-5-1　光的折射和反射示意图

若介质 1 为真空(折射率定义为 1),则 $n_{1.2}=n_2$,称为绝对折射率。通常以空气作为介质1(273.15 K、101.325 kPa、589.29 nm 钠黄光条件测得空气的绝对折射率为 1.000293)测定各物质对空气的相对折射率 $n_{1.2}$,称为常用折射率。

当物质溶解在溶剂中,折射率也发生变化,折射率大小与溶剂和溶质的性质、光的波长、溶液的浓度及测定温度等因素有关。若其他条件固定时,一般情况下当溶质的折射率小于溶剂的折射率时,溶液浓度愈大,其折射率愈小,溶液的折射率与浓度存在线性关系,所以可通过测定溶液的折射率来定量分析其浓度,在相同条件下测定未知浓度溶液的折射率,从溶液浓度—折射率标准曲线上可查得溶液的浓度。

折射率法测定溶液浓度具有所需试样量小、操作简单方便、读数准确等优点。

一、阿贝折射仪的测定原理

实验室常用临界角法测定液体介质的折射率,代表性仪器是阿贝折射仪,可测定浅色透明的液体、固体的折射率。

由(2.5.1)式可知,当光线由光疏介质 1 进入光密介质 2($n_1<n_2$)时,折射角 β 恒小于入射角 α,当入射角 α 增大,折射角 β 相应增大。如图 2-5-2(a)所示,当入射角 $\alpha=90°$ 时折射角达极大值,称为临界角 β_{max}。在介质 2 中从 OY 到 OA 之间有光线通过为亮区,而 OA 到 OX 之间无光线通过为暗区,临界角 β_{max} 决定了明暗分界线的位置。

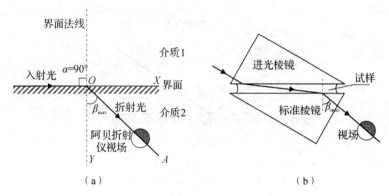

图 2-5-2　临界角法测定试样折射率原理图

入射角 $\alpha = 90°$，(2.5.1)式可写为：

$$n_1 = n_2 \sin\beta_{max} \tag{2.5.2}$$

式中，n_1—被测物质的折射率；

　　　n_2—标准棱镜的折射率。

显然临界角 β_{max} 的大小与被测物质的折射率 n_1 呈简单的函数关系，阿贝折射仪就是根据这个原理设计的。

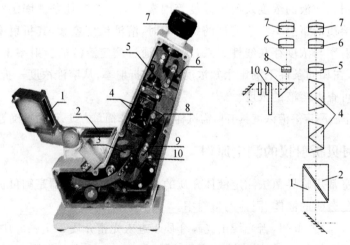

图 2-5-3　阿贝折射仪光学系统示意图

1. 进光棱镜　2. 标准棱镜　3. 反射镜　4. 阿米西棱镜　5、8. 物镜

6. 分划板　7. 目镜　9. 转向棱镜　10. 刻度盘

　　阿贝折射仪主要由折射率为 1.75 的直角进光棱镜和直角标准棱镜组成，两棱镜间约有 0.10～0.15 mm 厚度空隙用于装待测液体，并使液体展开成一薄层[图 2-5-2(b)]。进光棱镜斜面为磨砂面，当从反射镜反射来的入射光进入进光棱镜至粗糙磨砂表面时产生漫散射，从各个方向以不同角度透过待测液体进入标准棱镜，因为棱镜的折射率大于待测液体的折射率，因此入射角在 0～90°的光线都通过标准棱镜发生折射，其折射角落在临界角 β_{max} 之内。具有临界角 β_{max} 的光线从标准棱镜出来反射到目镜上，此时若将目镜十字线调节到适当位置，则会看到目镜上呈半明半暗状态[图 2-5-4(a)]。折射光都应落在临界角 β_{max} 内成为亮区，其他部分为暗区，构成了明暗分界线。阿贝折射仪设计时已经直接刻出了与临界角 β_{max} 对应的折射率 n，只要找到明暗分界线使其与目镜中的十字交叉线吻合，就可以从标尺上直接读出被测液体的折射率 n_1[图 2-5-4(b)]。阿贝折射仪的测量范围是 1.3000～1.7000。

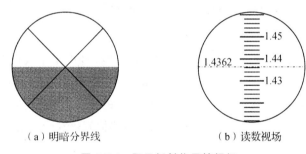

（a）明暗分界线　　　　　　　（b）读数视场

图 2-5-4　阿贝折射仪目镜视场

　　阿贝折射仪用白光作为光源，白光是连续光谱，由于液体的折射率与波长相关，不同波长的光线有不同的折射率，其临界角 β_{max} 也各不相同，所以用白光照射时就不能观察到明暗分界线，在半明半暗视场中呈现的是一段五彩缤纷的彩色区域，因而无法准确测量出液体的折射率。为了解决这个问题，阿贝折射仪的望远镜筒中装有阿米西棱镜（消色散棱镜，又称光补偿器）。测量时旋转阿米西棱镜手轮使色散为零，使各种波长的光的极限方向都与 589.29 nm 钠黄光的极限方向重合，视场呈现出半边黑色、半边白色，黑白分明分界线就是钠黄光的极限方向。阿米西棱镜还附有色散值刻度圈，利用仪器附带的卡片可以求出待测液体的色散率。

　　液体折射率与温度相关。多数液态有机化合物温度每升高 1 ℃其折射率下降 3.5×10^{-4}～5.5×10^{-4}，水每升高 1 ℃其折射率下降 1×10^{-4}（在 15～30 ℃区间）。如果测量时要求准确度为 $\pm 1 \times 10^{-4}$，阿贝折射仪可与超级恒温槽配套使用,控制温度在$(t\pm0.1)$℃。

二、阿贝折射仪的使用与保养

1. 仪器安装

将阿贝折射仪安放在光亮处,但应避免阳光直接照射,以免液体试样受热迅速蒸发。可用超级恒温槽将恒温水通入棱镜夹套内,控制棱镜的温差在±0.1℃。

2. 加样

旋开进光棱镜和标准棱镜的闭合旋钮,使磨砂斜面处于水平位置,滴加待测液体试样,迅速合上棱镜,旋紧闭合旋钮。若液体易挥发,动作要迅速,或先将两棱镜闭合,然后从加液孔注入试样。若棱镜表面不清洁,可滴加少量丙酮,用擦镜纸顺相同方向轻擦镜面,镜面干燥待用。

3. 调光

调节反射镜使入射光进入棱镜,调节目镜使视场中十字线清晰明亮。转动棱镜旋钮,刻度盘标尺示值从最小值逐渐增大,直到目镜视场中出现彩色光带或半明半暗状态。调节阿米西棱镜手轮使目镜视场中彩色光带消失呈现清晰的明暗分界线,再调节棱镜旋钮使明暗分界线恰好落在十字交叉点。

4. 读数

从读数望远镜中读出刻度盘上的折射率示值,常用的阿贝折射仪可读至小数点后第四位。一般应转动棱镜旋钮,重复测定三次,读数误差不超过0.0002,取其平均值。试样组分的微小变化都会导致读数不准确,所以测量一个试样应重复取样三次,最后取三个样品数据的平均值为测定结果。

5. 清洁

测定完毕,必须拭净镜身各机件、棱镜表面。水溶性样品可用脱脂棉吸水洗净,油溶性样品需用乙醇、乙醚或苯等拭净。

阿贝折射仪是一种精密的光学仪器,使用时应注意:(1)注意保护棱镜,只能用擦镜纸擦洗,不能用滤纸等;加试样时滴管不能触及镜面,酸碱等腐蚀性液体不得使用阿贝折射仪;液态试样中不应有硬性杂质,测试固体试样时应防止损伤棱镜表面或产生压痕。每次实验结束清洗完毕,擦镜纸擦干后用两层擦镜纸夹在两棱镜镜面之间保护镜面。(2)每次测定时,试样只需加2~3滴即可。(3)测定时若目镜中明暗分界线畸形,这是由于棱镜间未充满液体;若目镜中出现弧形光环,则是由于光线未经棱镜而直接照射到聚光透镜上。(4)待测试样折射率超出 1.3~1.7 范围,阿贝折射仪无法测定。

　　注意经常保养阿贝折射仪,保持折射仪清洁,严禁油手或汗液触及光学零件。如光学零件表面有灰尘,可用擦镜纸或脱脂棉轻擦后,再用洗耳球轻吹。如光学零件表面有油垢,可用脱脂棉蘸少许汽油轻擦后再用二甲苯或乙醚擦干净。阿贝折射仪应放入木箱内保存,箱内放置硅胶干燥剂。木箱应放在干燥、空气流通的室内,防止阿贝折射仪受潮后光学零件发霉。阿贝折射仪应避免剧烈振动或撞击,以防止光学零件损伤而影响精度。

三、阿贝折射仪的校正

　　阿贝折射仪的刻度盘的标尺零点有时会发生移动,需加以校正。校正的方法一般是用已知折射率的标准液体(常用纯水),通过测定蒸馏水的折射率,对照该条件下纯水的标准折射率(参见附录表4-12),使用配套工具校正刻度调节螺丝,将其调到正确读数。

　　阿贝折射仪也可用配套的特制的具有一定折射率的标准玻璃块来校正。校正时打开进光棱镜,把标准棱镜调整到水平位置,然后在标准玻璃块的抛光面滴加一滴折射率很高的液体(如 α-溴萘),贴在标准棱镜的抛光面上进行校正。

2.6　旋光度的测量

　　当平面偏振光通过旋光性物质,如石英晶体、酒石酸晶体、蔗糖水溶液等时,由于偏振光与旋光性物质的相互作用,使偏振光的右圆或左圆组分在物质中的传播速度不同,即该旋光性物质对右圆或左圆偏振光的折射率不同,从而使平面偏振光的偏振面发生旋转,称为旋光现象,又称圆双折射(图 2-6-1)。使偏振光的偏振面向左旋转的物质称为左旋物质[用 L-或(一)表示],向右旋转的物质称为右旋物质[用 D-或(+)表示]。

　　平面偏振光通过旋光性物质溶液时,其偏振面偏转的角度称为旋光度 α。旋光度除了取决于旋光性物质的本性外,还与偏振光波长 λ、光程长度 l、溶剂极性、测定温度 T 和溶液浓度 c 等因素有关,当波长、溶剂、温度固定时,其旋

光度 α 与溶液浓度 c 关系：

$$\alpha_\lambda^t = [\alpha]_\lambda^t \cdot l \cdot c \tag{2.6.1}$$

式中，α_λ^t—旋光度，平面偏振光的偏振面的旋转角度，度（°）；

$\quad\quad [\alpha]_\lambda^t$—比旋光度，衡量旋光性物质在温度 t ℃、波长 λ 时的旋光能
$\quad\quad\quad$ 力，度（°）；

$\quad\quad l$—偏振光在旋光性物质中的光程，dm；

$\quad\quad c$—旋光性物质的溶液浓度，$g \cdot mL^{-1}$。

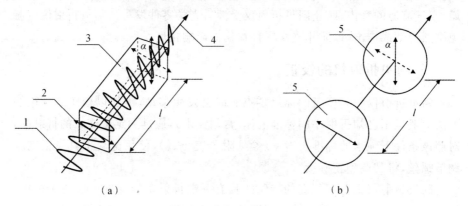

图 2-6-1　旋光性原理示意图

1. 偏振光　2. 光的振动方向　3. 旋光性物质　4. 光轴（光的传播方向）　5. 偏振面

一、旋光度的测量

1. 旋光度的测量原理

自然光（全振光）在垂直于光轴的任意方向上振动，当一束平行全振光通过一个尼科尔棱镜（称为起偏镜），可获得一束单一的平面偏振光，该偏振光仅限在一个平面上振动。当这束偏振光通过旋光管中的旋光性物质溶液，偏振面旋转 α 角。经旋转后的偏振光来到第二个尼科尔棱镜（称为检偏镜），若检偏镜的透射面与偏振光的经旋转后的偏振面垂直，偏振光完全无法通过检偏镜，此时视野漆黑；若检偏镜与偏振面平行，偏振光完全通过检偏镜，则视野最亮；旋转检偏镜使其透射面与偏振面夹角介于 $0 \sim 90°$ 间，则透过光介于最强与最弱之间，视野半明半暗。旋转检偏镜寻找到最亮视野，检偏镜必与经旋转后的偏振光平行，则检偏镜与起偏镜的夹角就是旋光性物质溶液的旋光度值 α。旋光仪（图 2-6-2）就是利用判断透射光的强弱、视野的明暗来测定旋光物质的

旋光度。由于人的肉眼鉴别漆黑(或明亮)的视野误差较大,为了提高观测的精确度,常采用比较法即三分视野法。

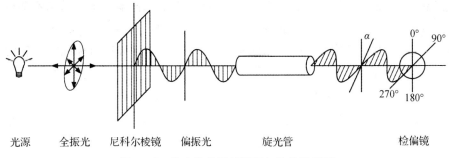

光源　　全振光　　尼科尔棱镜　　偏振光　　　旋光管　　　　　检偏镜

图 2-6-2　旋光仪的测量原理与结构示意图

2. 比旋光度与待测溶液的浓度测定

在固定条件下,旋光性物质的比旋光度是一个常数。溶液的比旋光度定义为在液层长度为 1 dm,浓度为 1 g·mL^{-1},温度为 20 ℃ 及用钠光源 D 线波长(589.44 nm)测定时的旋光度,以符号 $[\alpha]_D^{20}$ 表示,20 表示测定温度为 20 ℃,D 表示钠光源 D 线。溶液的比旋光度按下面关系式计算:

$$[\alpha]_D^{20} = \frac{100 \times \alpha}{l \cdot c} \tag{2.6.2}$$

式中,l—旋光管的长度,dm;

$\quad\quad c$—旋光性物质的溶液浓度,g·(100 mL)$^{-1}$。

显然,可以利用以上关系通过测定溶液的旋光度求算其浓度。将标准物质配成若干浓度的溶液,分别测其旋光度,作 α-c 标准曲线。测定待测溶液的旋光度,从标准曲线上可查得待测溶液的浓度,或依下式计算:

$$c = \frac{100 \times \alpha}{l \cdot [\alpha]_D^{20}} \tag{2.6.3}$$

3. 温度校正与波长校正

如果测量时温度不是 20 ℃,必须进行温度校正。通常在一定的温度范围内,旋光度与温度具有良好的线性关系。所以测量不同温度下同一样品的旋光度 α,很容易求出旋光温度系数 K:

$$\alpha_D^t = \frac{[\alpha]_D^{20} \cdot l \cdot c}{100} \times [1 + K(t-20)] \tag{2.6.4}$$

旋光度强烈依赖于光源有效波长,如果光源有效波长发生变化,不再在

589.44 nm 下工作,测量会引起明显误差。校正有效波长的工具是使用标准旋光管,内置石英校正片。将标准旋光管放入旋光仪测试室,将数字温度计的感温探头紧密贴敷在标准旋光管管体上靠近石英片一端,标准旋光管需在测试室内静止 7~10 min,以使标准旋光管与测试室内温度达到平衡,记录温度 t。测量该温度时标准旋光管的旋光度 α_λ^t(测量值),计算该温度时标准旋光管的旋光度 α_λ^t(标准值):

$$\alpha_\lambda^t(\text{标准值}) = \alpha_D^{20} \times [1 + 0.000144(t-20)] \qquad (2.6.5)$$

式中,α_D^{20}——标准旋光管在 20 ℃、589.44 nm 下的旋光度,该值在标准旋光管的检定证书中标示;

0.000144——标准旋光管的温度系数;

t——波长校正时标准旋光管的温度,℃。

如果 α_λ^t(测量值)与 α_λ^t(标准值)之差大于 ±0.003°,说明旋光仪内光源的有效波长不在 589.44 nm,需要校正仪器的有效波长装置。

二、WZZ-2S 自动旋光仪

WZZ-2S 自动旋光仪三分视野检测、检偏镜角度的调整采用光电自动平衡原理,通过电子放大及机械反馈系统自动进行,数显测量结果,仪器体积小,灵敏度高,测量稳定可靠,能适应低旋光度样品,不仅能测旋光度,还可以直接读出糖度,广泛应用于制药、食品、化工、教育等行业。WZZ-2S 自动旋光仪以钠光灯为光源(波长 589.44 nm),可测样品最低透过率 1%,旋光度测量范围 ±45°,最小读数 0.001°,准确度 ±(0.01°+测量值×0.05%)。

1. WZZ-2S 自动旋光仪的测量原理

WZZ-2S 自动旋光仪的钠光灯发出 589.44 nm 的单色全振光经偏振镜 1 变为平面偏振光(图 2-6-3),当偏振光经过有法拉第效应的磁旋线圈时,偏振光的偏振面随磁旋线圈中的交变电压在一定角度内发生 50 Hz 的往复摆动。光线经过偏振镜 2 投射到光电倍增管产生交变电信号,并经前置放大、选频放大、功率放大,驱动伺服电机通过涡轮蜗杆带动偏振镜 1 转动,直到偏振镜 1 与偏振镜 2 处于光学零位的正交位置,交变电信号消失,伺服电机停转,偏振镜 1 角度不再改变。

仪器通电开始正常工作,偏振镜 1 即按照上述程序自动停在正交位置,计数器指示为零。若将装有旋光度为 α 的待测样品的旋光管放入测试室内,偏振光通过旋光管后偏振面旋转 α 角,偏振镜 1 必须相对于原有零位偏转 α 角才能再次获得正交位置,计数器将偏振镜 1 相对于原有零位偏转的角度数显指示,即待测样品的旋光度值 α。

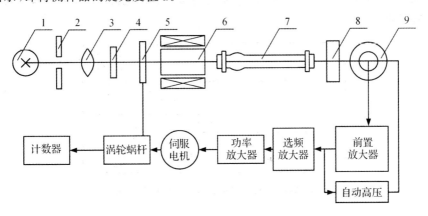

图 2-6-3 WZZ-2S 自动旋光仪结构原理图

1. 光源 2. 小孔光栅 3. 物镜 4. 滤色片 5. 偏振镜 1 6. 磁旋线圈
7. 旋光管 8. 偏振镜 2 9. 光电倍增管

2.WZZ-2S 自动旋光仪的使用方法

WZZ-2S 自动旋光仪的控制面板如图 2-6-4 所示。

(1)检查 将仪器摆放在稳固工作台上,检查样品室内无异物,电源开关置于"关"位,光源开关置于"交流电路(AC)"处。

(2)接电、起辉 将仪器电源插头插入 1 kVA 的交流稳压电源,稳压电源应可靠接地。依次打开电源、光源开关,钠光灯在交流工作状态下起辉,瞬时起辉点燃,但发光不稳,钠光灯经 5 min 激活后才发光稳定。将光源开关扳向"直流电路(DC)"处,若钠光灯熄灭,则再将光源开关上下重复扳动 1～2 次,使钠光灯在直流下点亮。

(3)校正、清零 按"测量"键,屏幕应有显示,机器处于待测状态。将装有空白溶液的旋光管(一般为蒸馏水或待测溶液的溶剂)放入样品室,待示数稳定后按下"清零"键使显示为"零"。

(4)测定 将装有待测样品的旋光管放入样品室,仪器的伺服系统动作,显示屏指示待测样品的旋光度值,"指示灯 1"点亮;按"复测"键一次,"指示灯 2"点亮,仪器显示第二次测量结果;再次按"复测"键,"指示灯 3"点亮,仪器显示第三次测量结果。按"shift/1 2 3"键,可切换显示各次测量结果。按"平均"

键,显示平均值,"指示灯 AV"点亮。

(5)关机　测量结束,取出旋光管洗净晾干。仪器自动转回零位,将光源开关置于"交流电路(AC)"处,依次关闭测量、光源、电源开关,样品室内放入硅胶吸潮。

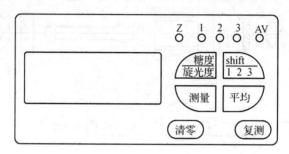

图 2-6-4　WZZ-2S 自动旋光仪控制面板

3. WZZ-2S 自动旋光仪使用的注意事项

(1)防止在高温、高湿条件下使用,避免经常接触腐蚀性气体,承放本仪器的工作台应水平、坚固、稳定,不得有强烈电磁场干扰。

(2)钠光灯起辉后,不许再移动仪器,以免损坏钠光灯。钠光灯在直流供电系统出现故障不能使用时,也可在交流供电情况下测试,但仪器性能可能略有降低。钠光灯一般连续使用不应超过 4 h,并不得在瞬间反复开关。钠光灯有一定的使用寿命,在使用一定时间(约几百小时)后亮度明显变暗或完全熄灭,仪器无法正常工作,此时应更换钠光灯。

(3)旋光管内腔应用少量待测溶液润洗 3～5 次。两端螺帽应旋至适中位置,过紧容易产生应力损坏盖玻片而带来测定误差,过松则容易发生漏液。两端的玻璃盖玻片有雾状、水滴或油污时,应用软布揩干,再用擦镜纸擦干净。旋光管中若有气泡,应先让气泡浮在凸颈处。多次测量时旋光管应按相同的方向、位置放入样品室。

(4)每次测定前应以空白溶液校正,测定后再校正一次,以确定在测定时零点有无变化。如第二次校正时发现零点有变动,则应重新测定待测溶液的旋光度。开机后"测量"键只需按一次,如果误按该键,则仪器停止测量,屏幕无显示。可再次按"测量"键打开测量功能,屏幕重新显示,此时需重新校正零点。测定零点时,应按动"复测"按钮数次,使检偏镜分别向左或向右偏离光学零位,减少仪器机械误差,同时观察数次零点是否一致。

(5)如待测溶液的旋光度超出测量范围,仪器将在±45°处来回振荡,取出旋光管,仪器自动转回零位。将待测溶液适当稀释后再测。

(6)使用结束后,仪器必须回到零点状态,再依次关闭测量、光源、电源开关。样品室内应保持清洁干燥,仪器不用期间应放置硅胶吸潮。

(7)经常检查仪器的重复性和稳定性,必要时用标准石英旋光管校正仪器的准确度,并对待测溶液作温度校正,根据温度系数计算测量时该温度的旋光度。

(8)本仪器也可以测量糖度。仪器开机后默认状态为测量旋光度,"指示灯 Z"熄灭。如需测量糖度,可按"糖度/旋光度"切换键,"指示灯 Z"点亮,屏幕显示"0.000",再重新放入旋光管,屏幕示值才是该待测溶液的糖度。从糖度测量切换到旋光度测量,重复以上操作。

2.7　黏度的测量

在外力推动下,当一种液体相对于固体或气体运动,及液体内各部分间相对运动时,将不断产生剪切变形,接触面之间存在摩擦力,这种性质称为液体的黏滞性。可用黏度 η 来度量液体流动时抵抗剪切变形的能力,以描述液体流动时的内摩擦力,其本质是液体内部分子间的相互作用。

牛顿最先提出黏性流体的流动模型[图 2-7-1(a)],他认为流体的流动是许多极薄的流体层(称为层流)之间的相对滑动。在两平行板 a、b 间夹以某液体,a 板静止,b 板在 F 力的作用下以速度 v 沿 x 方向做匀速运动。此时,由于流体的黏滞性,在相互滑动的各层间将产生切应力(即流体的内摩擦力),由它们将运动依次传递到各相邻的流体层,使流动较快的层减速,流动较慢的层加速,所以各层流体在垂直于前进方向的流速随 y 值不同而变化[图 2-7-1(b)],存在速度梯度 $\mathrm{d}v/\mathrm{d}y$:

$$\tau = \frac{F}{A} = \eta \frac{\mathrm{d}v}{\mathrm{d}y} \tag{2.7.1}$$

式中,τ——切应力,表示作用在单位面积上的切力,$\mathrm{N \cdot m^{-2}}$;

A——平板面积,$\mathrm{m^2}$;

η——黏度,使单位面积的液层保持速度梯度为 1 时所需要的切力,$\mathrm{N \cdot m^{-2} \cdot s(Pa \cdot s)}$;

$\mathrm{d}v/\mathrm{d}y$——速度梯度,又称切速率,$\mathrm{s^{-1}}$。

(2.7.1)式称为牛顿黏度公式,符合该公式的流体称为牛顿流体,其黏度不随切力和切速率的变化而改变,恒定温度下黏度为常数。不符合牛顿黏度公式的流体称为非牛顿流体,如塑性流体、假塑性流体、胀性流体、触变性流体等。

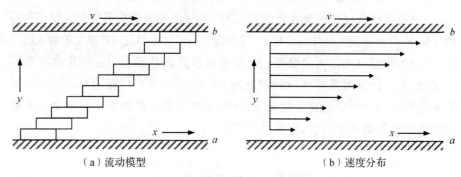

（a）流动模型　　　　　　　　　　（b）速度分布

图 2-7-1　两平行平板间牛顿流体的运动情况

黏度是流体的一项重要性质,反映了流体受到的切应力与发生形变之间的关系。对液体黏滞性的研究在物理、化学、航空航天、水利、机械润滑、液压传动、生命科学、医药等诸多领域有广泛应用。在药学领域,因为涉及药物制剂的处方设计、生产工艺、储藏运输、安全有效等,黏度测量成为一种常规工作。按黏度测量原理分类,主要方法有泊塞耳法、转筒法、阻尼法、落球法等几种。

转筒式黏度计[图 2-7-2(a)]由两个同轴圆筒组成,在两个同轴圆筒间充以待测液体,外筒作匀速转动,测量内筒受到的黏滞力矩。圆筒能在不同的速度下旋转,可以测量不同切速率下的黏度,适用于非牛顿流体的测量。圆盘式黏度计[图 2-7-2(b)]中同步电机以一定的角速率匀速旋转,电机连接刻度盘,通过游丝、转轴带动转子旋转。当转子未受到液体的黏滞阻力时,指针指在刻度盘的零位。当转子受到液体的黏滞阻力,游丝产生扭矩,与液体的黏滞阻力相抗衡,达平衡时与游丝连接的指针在刻度盘上指示出扭转角,可求得液体的黏度。落球式黏度计是通过测量一个钢球在充满待测流体的管子中下落的终速度来确定黏度的。钢球从静止开始逐渐加速,随着下落速度增大,黏滞阻力逐渐增大。当速度达某定值时,钢球重力等于浮力与黏滞阻力之和,小球开始匀速(称为收尾速度)直线下落。落球法适用于黏度较大且透明的液体。

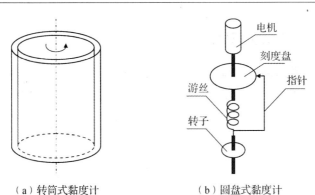

（a）转筒式黏度计　　　　　（b）圆盘式黏度计

图 2-7-2　几种黏度计测量原理与结构示意图

基于泊塞耳方程设计的玻璃毛细管黏度计以一定体积的液体,依靠压力差或者自身的质量,从流经标准毛细管所需的时间测定液体的黏度,适用于常规高分子化合物摩尔质量的测定。常用的毛细管黏度计有乌氏黏度计[图 2-7-3(a)]、奥氏黏度计[图 2-7-3(b)]等多种,设备简单,操作方便,精度较高[±(5%～20%)],适用分子量范围广,是化学实验室常用的黏度测量方法,也是我国药典规定的黏度测量方法之一。通过毛细管黏度计测定高分子化合物水溶液的黏度,可表征其分子量,并研究高分子在溶液中的形态、高分子链的无扰尺寸、高分子链的柔性程度及支化程度、高分子与溶剂分子的相互作用及高分子之间的相互作用等。

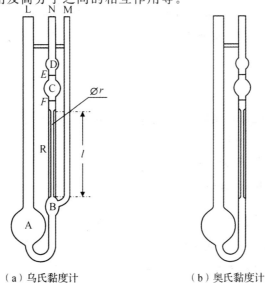

（a）乌氏黏度计　　　　　（b）奥氏黏度计

图 2-7-3　常用玻璃毛细管黏度计结构示意图

一、高分子溶液的黏度

高分子溶液的黏度与高分子的大小、形状及其与溶剂分子间的相互作用有关。将高分子溶液的黏度 η 与纯溶剂的黏度 η_0 进行不同的组合，可以得到高分子溶液黏度的几种表示法：

1. 相对黏度

$$\eta_r = \frac{\eta}{\eta_0}$$

2. 增比黏度

$$\eta_{sp} = \frac{\eta - \eta_0}{\eta_0} = \eta_r - 1$$

3. 比浓黏度

$$\eta_c = \frac{\eta_{sp}}{c}$$

4. 特性黏度

$$[\eta] = \lim_{c \to 0} \frac{\eta_{sp}}{c} = \lim_{c \to 0} \frac{\ln \eta_r}{c}$$

特性黏度 $[\eta]$ 表示溶液无限稀释时的比浓黏度，反映出单个高分子对溶液黏度的贡献，其数值不随浓度而改变，与高分子化合物在溶液中的结构、形态及分子质量大小有关。通常按以下经验公式计算高分子溶液的特性黏度 $[\eta]$：

（1）哈金斯（Huggins）公式

$$\frac{\eta_{sp}}{c} = [\eta] + k [\eta]^2 c \qquad (2.7.2)$$

式中，k——Huggins 系数，与高分子在溶液中的结构与形态、溶剂、温度等有关，$mL \cdot g^{-1}$；

      c——高分子溶液浓度，$g \cdot mL^{-1}$。

（2）克莱默（Kramer）公式

$$\frac{\ln \eta_r}{c} = [\eta] - \beta [\eta]^2 c \qquad (2.7.3)$$

式中，β——Kramer 系数，与高分子在溶液中的结构与形态、溶剂、温度等有关，$mL \cdot g^{-1}$。

实验中，测定纯溶剂的黏度、高分子溶液不同浓度时的黏度，作图外推到浓度为零(纵截距)处,可求算溶液的特性黏度$[\eta]$,如图 2-7-4 所示。

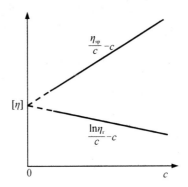

图 2-7-4　外推法测定高分子溶液的特性黏度$[\eta]$

二、乌氏黏度计的原理

在乌氏黏度计中,牛顿流体在圆柱形 R 毛细管中流动,毛细管上下两端受流体自重施加稳定压差,该外压力只用于克服流体的黏性阻力,流体符合以下假设:①流体不可压缩;②管内流动为层流;③流线平行于圆柱管中心轴;④稳态流动;⑤流体充分润湿管壁,在管壁无滑动;⑥流体在管壁无吸附,则可根据泊塞耳(Poiseuille)方程计算流体的黏度:

$$\eta = \frac{\pi \rho g h r^4}{8Vl} \cdot t \qquad (2.7.4)$$

式中,r—毛细管半径,m;

　　　l—毛细管长度,m;

　　　h—液柱高度,m;

　　　ρ—流体密度,$kg \cdot m^{-3}$;

　　　V—流体体积,即 C 球上下刻度 E、F 之间的体积,m^3;

　　　t—体积 V 的流体流经毛细管的时间,s。

乌氏黏度计的 M 管连通大气使毛细管 R 下端口处(B 球上方)与管中液体断开,形成承悬液柱,液体流动只取决于 C 球中液体的自重和毛细管上下端所受压力差的 $\rho g h$,与 A 球中液体无关,特别适合在黏度计中逐降稀释测定。奥氏黏度计不遵守泊塞耳方程,因为缺少乌氏黏度计的 M 管,在毛细管上下两端的压差不仅仅来自于 C 球中液体的自重,还包括了毛细管下方液体的作用。

显然，在一根垂直的乌氏黏度计中，黏度 η 与液体流经毛细管的时间 t 成正比。用相同体积[图 2-7-3(a)C 球]的待测溶液和纯溶剂在相同条件下分别流经同一根乌氏黏度计，则：

$$\eta_r = \frac{\eta}{\eta_0} = \frac{\rho t}{\rho_0 t_0} \tag{2.7.5}$$

式中，η_0—纯溶剂的黏度，$Pa \cdot s$；

ρ_0—纯溶剂密度，$kg \cdot m^{-3}$；

t_0—纯溶剂流经毛细管的时间，s。

所以，通过测定待测溶液和纯溶剂流经毛细管的时间之比，可从纯溶剂黏度求算溶液的相对黏度。

三、乌氏黏度计测量准确性的影响因素

乌氏黏度计主要误差来源有表面张力、毛细管末端效应、滴沥效应、黏滞热效应、黏度计垂直度偏差、静压头偏差、蒸发损失、浓度和流经时间的误差、剪切效应、温度波动和测温误差、动能项等，在实验中需要注意以下影响。

1. 动能校正

乌氏黏度计测量的最主要误差是动能项，其误差值可能高达 $15\% \sim 30\%$。因为即使在毛细管中液体的流动满足泊塞耳方程的要求，但在流速较大的情况下，促使液体流动的压差不仅用于克服黏性流动的阻力，还用于增大液体的动能，所以有效压差比实际压差小，导致 $[\eta]$ 测定值偏低。考虑到动能校正，泊塞耳方程应改写为：

$$\eta = \frac{\pi \rho g h r^4 t}{8Vl} - \frac{m \rho V}{8 \pi l t} \tag{2.7.6}$$

式中，m—动能系数，通常取 1.12。

经过动能校正，液体的相对黏度 η_r 不再遵守(2.7.5)式。结合(2.7.6)式计算，可知道动能校正的影响主要决定于黏度计的毛细管半径 r，一定程度上也受毛细管长度 l 和溶液浓度 c 的影响。如果毛细管半径 r 足够小，纯溶剂流经时间 t_0 在 $100 \sim 140$ s，动能校正项常可忽略。

一般市售的乌氏黏度计，流出体积在 $4 \sim 5$ mL，毛细管长度在 $10 \sim 14$ cm，变化不大；但毛细管半径在 $0.1 \sim 2$ mm 间，变化较大。实验中应根据高分子溶液的溶剂、浓度选择一根合适的黏度计，使纯溶剂流经时间不小于 100 s 以忽略动能校正，保证液体相对黏度仍可按(2.7.5)式计算。但毛细管半径不能

太小,纯溶剂流经时间不能大于 200 s,以免溶液的流经时间过长,甚至发生堵塞现象。

2. 高分子吸附对溶剂流经时间 t_0 测量的影响

相对黏度 η_r 测量中,溶剂流经时间 t_0 的测量直接影响着结果的准确。泊塞耳方程中 t_0 是理想条件下纯溶剂的流经时间。实验发现,极稀高分子溶液的比浓黏度常出现异常现象,当浓度低于某一特定值后比浓黏度与浓度关系偏离直线,这是因为高分子与毛细管管壁间的界面作用,高分子在毛细管壁发生吸附,导致毛细管的半径减小,直接改变了泊塞耳方程的分子项,而有些吸附甚至改变毛细管管壁的界面性质。高分子在毛细管管壁发生吸附的现象,使得在测量高分子溶液的流经时间前、后测量溶剂的流经时间 t_0 将出现不同的结果,由此带来的黏度测量误差必须予以考虑。

文献报道,不同的溶液系统,应选择不同的溶剂流经时间 t_0 的测定方法。

(1)如果在测量高分子溶液的流经时间前、后测量 t_0 没有差异,说明高分子在毛细管壁没有发生吸附或吸附影响小,可以选择先测定 t_0。

(2)如果在测量高分子溶液的流经时间之后测量的 t_0 比之前测得值大(比如聚乙烯醇 PVA、聚甲基丙烯酸甲酯 PMMA 水溶液),说明高分子在毛细管壁发生稳固吸附,可以选择在测量高分子溶液之后,用纯溶剂清洗黏度计 3～5 次再测定 t_0,以消除毛细管管壁的高分子吸附层对高分子溶液黏度测定的影响。

(3)如果在测量高分子溶液的流经时间之后测量的 t_0 比之前测得值小(比如聚乙烯吡咯烷酮 PVP 水溶液),说明高分子吸附在毛细管壁改变了管壁的界面性质和高分子与界面间的作用,可以选择不测定 t_0,而是直接作高分子溶液的流经时间 t 和浓度 c 关系图,二者表现为线性关系,外推到浓度为零处得到溶液无限稀释时的流经时间,近似作为 t_0 代入泊塞耳方程计算。

3. 溶液浓度影响

溶液的黏度除与高分子化合物的分子量有关外,还与其分子结构、形态及在溶液的舒张状态有关,测试时必须根据高分子化合物的特性选择合适的溶剂和浓度。溶液浓度越大,高分子链间距越短,分子间作用力越大,表现为所测得的黏度数据与浓度的线性越差。绝大多数高分子化合物在稀溶液浓度范围内($0.002～0.01$ g/mL),高分子溶液的比浓黏度与浓度间满足线性关系,此时高分子溶液的相对黏度在 $1.2～2.0$ 间。

4. 陈化时间影响

实验发现,溶液的陈化时间对黏度测量有明显的影响。陈化时间短,黏度测量值较小,误差较大,这可能是由于高分子化合物还来不及形成网状结构所致。陈化时间长,黏度测量值也较小,因为高分子化合物在溶液中结构发生疏松造成的。尽管溶液的黏度有所改变,但没有影响黏度与浓度的线性关系。实验表明陈化时间为 3～4 天时,结果比较满意。

5. 温度影响

黏度是溶液中分子间作用和分子动量的综合表现。温度升高,分子运动的平均速度增大,而分子间距的增大则导致分子间作用力减小,高分子间的网状结构也被严重破坏,所以溶液黏度随温度升高急剧下降。因此,黏度测量必须在恒温槽中进行,其温度波动要小于 ±0.05 ℃。温度变化超过这个范围时,图形往往缺乏线性关系。以纯水为例,水的 $\mathrm{d}\eta/\mathrm{d}T = 0.02\ \mathrm{Pa\cdot s\cdot K^{-1}}$,若温度恒定在 ±0.05 ℃,相对黏度 η_r 测量精度可达 0.2%。

6. 黏度测定的异常现象

在黏度测量中,即使注意了以上各点,仍会遇到一些异常现象(图 2-7-5)。这并非由于操作不严谨,而是高分子化合物本身的结构及其在溶液中的形态所致,目前尚不能完全清楚地解释产生这些异常现象的原因。据哈金斯公式和克莱默公式作图,它们应交于浓度为零的特性黏度 $[\eta]$ 处。如果这两条直线交点不在纵轴上或根本没有交点,均应以 η_{sp}/c-c 直线外推到浓度为零处的纵坐标为高分子溶液的特性黏度 $[\eta]$。

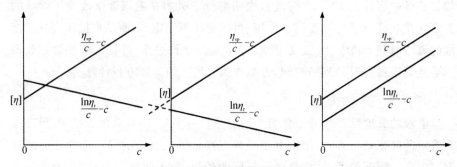

图 2-7-5　黏度测定中的异常现象

四、乌氏黏度计使用的注意事项

1. 黏度计必须洁净,这是黏度测量准确与否的关键之一。先用合适溶剂除去黏度计上的油污等杂质,再用经 G3 砂芯漏斗过滤的铬酸洗液浸泡过夜。至少用蒸馏水洗 5 次,直到毛细管管壁不挂水珠,置于 100 ℃以下的烘箱中干燥。或者洗净后用经蒸馏、干燥、过滤的丙酮至少冲洗 5 次,再用经过滤的干燥空气慢气流吹干。当连续多次测定纯溶剂的流经时间极差小于 0.2 s,视为合格。

2. 黏度计置于恒温水浴中,保证黏度计的 D 球全部浸入恒温水浴,温度波动控制在±0.05 ℃。注意环境温度不要与测定温度差异太大。

3. 黏度计应垂直固定,毛细管倾斜将造成管内液面高度差发生变化,每次测定时液面高度差不能完全一致,液体的相对黏度就不能很好地遵守(2.7.5)式。

4. 高分子溶液容易起泡,可加入正丁醇作消泡剂。由于正丁醇的黏度比水的黏度大 3 倍多,过量正丁醇的加入,将带来很大的测量误差,所以每 100 mL溶液中加入正丁醇的量在 0.25～0.40 mL 为宜。高分子溶液若需稀释,蒸馏水中也应加入等量的正丁醇。

5. 黏度计使用完毕,应立即清洗干净,并注入纯溶剂浸泡,以免残存的高分子化合物黏结在毛细管管壁影响测量精度。

2.8　电泳技术

胶体粒子一般带电,其表面电荷主要来源有:(1)分散相粒子表面通过对介质中正、负离子的不等量吸附获得电荷,大多数胶体带电属于这种类型;(2)在液体介质中,胶体粒子表面部分分子发生电离,可使粒子带电;(3)分散相与分散介质若是介电常数不同的非导电物质,则互相接触时可因摩擦带电;(4)晶格取代。在外电场作用下,带电的胶体粒子在介质中向异性电极定向移动,称为电泳。胶体粒子在介质中电泳的方向、速率受诸多因素影响,有胶体粒子的大小和形状、表面电荷、溶剂、电解质的种类、溶液的离子强度、pH、温度、外加电场强度及电场均匀度等。

各类电泳技术已经广泛用于胶体化学基础理论研究、工业制造、生命科学研究及医药等许多领域,成为分离、分析的一种常用手段。例如用琼脂对流免疫电泳分析病人血清,为早期诊断原发性肝癌提供资料;用高压电泳分离肽段,研究蛋白质的一级结构;用高压电泳和层析结合研究核酸的一级结构;凝胶电泳技术在分离酶、蛋白质、核酸等生物大分子方面具有较高的分辨力。

按原理来分,电泳有界面移动电泳、区带电泳和稳态电泳三种。界面移动电泳是不含支持物的电泳,粒子在胶体中自由泳动,故又称自由电泳,主要观测胶体粒子在电场中的运动情况,但不易完全分离。区带电泳是含有支持物的电泳,支持物上混合样品被置于狭小的区带中泳动,可得彼此分离的区带。支持物可分为两类:第一类是滤纸、醋酸纤维素薄膜、硅胶、矾土、纤维素等;第二类是淀粉、琼脂糖和聚丙烯酰胺凝胶。后者具有分子筛效应,无电泳拖尾现象。稳态电泳的特点是胶体粒子的电泳迁移在一定时间后达到稳态,如等电聚焦电泳、等速电泳。

界面移动电泳中,在外电场作用下,溶胶粒子向一极移动,扩散层中的反离子向另一极移动。各个溶胶粒子的大小、形状、带电情况类似,所以有相近的电泳速率,表现出溶胶与介质的清晰界面发生定向移动,称为宏观界面移动法。如果直接观察单个胶体粒子在电场中的泳动情况,称为微观电泳法。对于高度分散的溶胶或过浓的溶胶,难以观测个别粒子运动,常用宏观法;对于颜色太淡或浓度过稀的溶胶,则适宜用微观法。

电动电势是溶胶的重要性质,它和溶胶的组成、制备条件、胶粒的形状和粒径、介质中的离子种类和浓度、pH、温度等因素有关。在宏观界面移动法测定电动电势实验中,需要注意多种因素的影响。

一、U 形管电泳仪的结构和使用

宏观界面移动法常用仪器是 U 形管电泳仪,据其结构可分为普通 U 形电泳仪[图 2-8-1(a)]和拉比诺维奇—付其曼 U 形电泳仪[图 2-8-1(b)]。使用 U 形管电泳仪最大的困难是难以形成溶胶与辅助液间清晰的界面,从而影响界面移动情况的观测。

拉比诺维奇—付其曼 U 形电泳仪在 U 形管两端设计孔径与 U 形管内径相同的活塞,U 形管间用支管连通,支管中间以小活塞控制其通断。先将溶胶注入电泳管使其高于两端大活塞,关闭大活塞,清洗活塞上方电泳管并用辅助液润洗,加入辅助液至液面达支管 2/3 高度。打开支管小活塞,连通 U 形管两端,保持两端液面水平,电泳开始时需关闭小活塞,切断通路。两支铂电

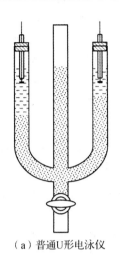
（a）普通U形电泳仪

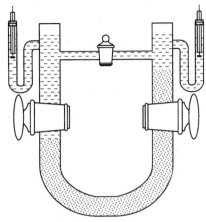
（b）拉比诺维奇—付其曼U形电泳仪

图 2-8-1　宏观界面移动电泳实验装置示意图

极插在支管，所以不会干扰清晰界面的形成与运动，同时减小由于电解作用辅助液电导率改变对电场均匀度的影响。准备停当，小心同时打开两个大活塞，在活塞上方与辅助液交界处形成清晰面。拉比诺维奇—付其曼 U 形电泳仪容易获得溶胶与辅助液间清晰界面，但其结构复杂，如果大活塞孔径与 U 形管内径有差异，或者孔洞没有与 U 形管对准，电泳时该处流速易变化搅动界面，则测定误差大。

　　普通 U 形电泳仪要获得溶胶与辅助液间的清晰界面相对较难，除了本书第三部分"实验十二　胶体的制备及其电泳速率的测定"中介绍的方法外，还可以通过下面方法获得高清晰度界面：根据管径和管长裁剪适当的滤纸卷成圆筒状，插入 U 形管，高于管口 1～2 cm，距溶胶液面 2～3 cm，勿与溶胶接触。沿滤纸加入辅助液，先让滤纸浸透辅助液，然后转圈沿不同方向慢慢加辅助液，U 形管两端轮流添加，边加边抽出滤纸筒，保持滤纸始终只接近液面而没有浸入液面下，并保持两端辅助液量基本相同。辅助液添加完毕，取走滤纸筒，再轻轻将两只铂电极同时插入辅助液层，小心不要搅动清晰界面，并使两个电极浸入液面下的深度相同。

二、水解时 $FeCl_3$ 浓度的选择

　　用不同浓度的 $FeCl_3$ 溶液水解制备 $Fe(OH)_3$ 溶胶，测得 ζ 电势并不相同。水解法制备 $Fe(OH)_3$ 溶胶呈酸性，$FeCl_3$ 浓度越大，溶胶 pH 越低，溶胶 ζ 电势

越大。另外,不同浓度 $FeCl_3$ 溶液水解生成的 $Fe(OH)_3$ 溶胶的形状和大小差别很大。$FeCl_3$ 浓度较低时生成的溶胶颗粒较小,浓度高有利于胶粒的聚结,颗粒较大且呈针状导致 ζ 电势下降。要使制得的 $Fe(OH)_3$ 溶胶的 ζ 电势符合文献值 44 mV,用 $0.03\sim0.06$ mol·L^{-1} $FeCl_3$ 溶液水解比较适宜。

三、Fe(OH)₃溶胶的纯化和电导率

测定 ζ 电势的 $Fe(OH)_3$ 溶胶必须经过渗析纯化。当溶胶中有大量电解质时,电解质中与扩散层反离子电荷符号相同的离子将反离子排斥进入吸附层,导致溶胶 ζ 电势减小。所以,溶胶越纯净,其电导率越小,ζ 电势则越大。

另一方面,溶胶的电导率太大,根据欧姆定律,流过溶胶的起始电流越大。随电泳进行,部分离子在电极上析出,溶胶电导率可能降低,电流也相应减小。较大的电流产生较大的焦耳热效应,溶胶温度急剧升高,溶胶的稳定性相应降低,另外温升对流也容易引起界面模糊导致实验失败。较大电流还使电极处发生明显电解反应,引起两电极区域化学环境变化,从而易发生界面模糊、负极聚沉、两极电泳速率不同、电场强度不均匀等不良影响。

据文献报道,$Fe(OH)_3$ 溶胶经渗析纯化,电导率小于 100 μS·cm^{-1} 时,可以保证电泳电流小于 0.5 mA 并维持稳定,以上影响可以忽略,可测得与文献值 44 mV 接近的 ζ 电势值。

四、Fe(OH)₃溶胶的陈化

纯化好的 $Fe(OH)_3$ 溶胶装入洁净的棕色瓶中静置,陈化 2 天左右测定最合适。文献报道,ζ 电势随着陈化时间的延长先增大后减小。新制备的 $Fe(OH)_3$ 溶胶粒子对定位离子 FeO^+ 的吸附还没有达到稳定平衡,不能达到最大的 ζ 电势。而陈化时间过长,胶粒逐渐发生聚结,ζ 电势减小。陈化时间还影响溶胶的电导率,随陈化时间延长,开始时电导率有所下降,一段时间后电导率才趋于稳定。

五、辅助液的选择和配制

在界面电泳中,电极置于辅助液中,辅助液与溶胶形成清晰界面。辅助液的选择和配制对结果的准确性有很大影响。界面电泳对辅助液基本要求有:(1)与溶胶无化学反应;(2)不使溶胶发生聚沉;(3)能和溶胶形成清晰易观测

的界面；(4)和溶胶电导率尽可能相等。

$Fe(OH)_3$ 溶胶电泳常选用 KCl、NaCl、HCl 水溶液作辅助液。HCl 溶液作辅助液，当 pH＜4 时，测得的 ζ 电势明显偏大，主要是由于 HCl 对 Fe(OH)₃溶胶的定位离子 FeO^+ 的量有影响。同时因为 H^+ 与 Cl^- 电迁移速率不同，HCl 溶液作辅助液进行实验容易出现两极界面迁移速度不同的现象。所以，在测定 ζ 电势实验中，宜采用 KCl、NaCl 水溶液。如果取待测溶胶进行超速离心分离所得的上部无色溶液作辅助液，最为理想。

实验中要调节辅助液的电导率与溶胶相等，最好在 $100\sim200~\mu S\cdot cm^{-1}$，可以保证较小的电泳电流和清晰的界面维持。如果辅助液与溶胶的电导率相差较大，在界面处电场强度发生突变，容易造成 U 形管两端界面移动速率不同，严重则破坏界面。二者电导率差异，使溶胶电势下降不均匀，其外加电场强度 E 计算公式需作下面调整：

$$E=\frac{V}{\dfrac{\kappa_{溶胶}}{\kappa_{辅助液}}(l-l_r)+l_r}$$

式中，V——两电极间的外加电压，V；

　　　　$\kappa_{溶胶}$、$\kappa_{辅助液}$——溶胶、辅助液的电导率，$S\cdot m^{-1}$；

　　　　l——两电极间通电距离，m；

　　　　l_r——溶胶两界面距离，m。

六、电泳电压的选择

电泳测试时注意选择合适的电泳电压，过高、过低的电压都不利于实验。电压过高，电极处电解反应加剧，辅助液电导率改变，ζ 电势测量误差大；而胶粒运动速度过快导致不同大小、形状、电荷数量的胶粒运动出现较大差异，测得的 ζ 电势数值偏大；同时溶胶的焦耳热效应严重，溶胶内部出现扰动，界面清晰度被破坏甚至消失，导致实验失败。电压过低，则胶体运动太慢，造成界面移动距离的测量误差大。

在 ζ 电势一定时，电泳速率和电场强度成正比。电泳速率在 $0.3\sim1~mm\cdot min^{-1}$ 可有效减小溶胶界面移动距离的测量误差，根据休克尔公式可计算出电场强度 E 在 $1.5\sim5~V\cdot cm^{-1}$，如果电泳管中两电极间通电距离为 20 cm，电泳电压在 $30\sim100$ V 之间比较合适。

附：

DYY-Ⅲ-5 型双稳定时电泳仪电源

DYY-Ⅲ-5 型双稳定时电泳仪电源由北京市六一仪器厂生产,具有限压、限流和短路保护功能,含 2 组并联输出,输出电压 5～600 V,输出电流 2～200 mA,功率 120 W,适用于普通蛋白、多肽、氨基酸、核酸等生物样品的电泳,在化学实验中常用作溶胶电泳的稳压电源。控制面板如图 2-8-2 所示。

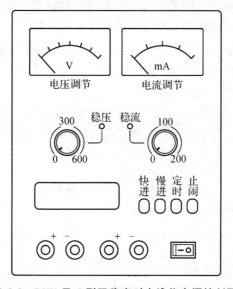

图 2-8-2 DYY-Ⅲ-5 型双稳定时电泳仪电源控制面板

1. DYY-Ⅲ-5 型电泳仪的使用方法

(1)确认仪器电源开关在"关"位,确定电源插座接地良好,连接电源线。

(2)确认"电压调节"旋钮、"电流调节"旋钮都已逆时针旋到"0"位,确认电极已放入待测溶胶,用黑红两色的电极输入导线将电泳仪与仪器相应输出端口连接。

(3)本机可在工作时随时调整输出电压和电流。电压和电流的调整方法为:

①预置稳压输出。例如需要输出电压恒定在 300 V,电流不超过 150 mA,先将"电压调节"旋钮调至 300 V 处,再将"电流调节"旋钮调至 150 mA 处,打开电源开关。"稳压"指示灯亮,输出电压指示在 300 V 左右,电流则应该在小于 150 mA 的某个值,该值受电泳管中溶液电阻值影响,为不确定值。

若出现"稳流"指示灯亮,输出电压指示小于 300 V 而电流超过 150 mA,这可能是溶液电阻太小或预置方法不当。

②预置稳流输出。例如需要稳流输出在 100 mA,电压不超过 500 V,先将"电流调节"旋钮调至 100 mA 处,再将"电压调节"旋钮调至 500 V 处,打开电源开关。正常时应该"稳流"指示灯亮,电流指示在 100 mA 左右,电压是小于 500 V 的某值,该不确定值同样受溶液电阻影响。若出现"稳压"指示灯亮,而电流达不到 100 mA,则可能是溶液电阻太大或预置方法不当。

③如果不熟悉如何预置电压、电流,可先确定是稳压输出还是稳流输出。如果需要稳流输出,则先将电流调节为"0",将电压调节至最大,然后开机,再慢慢旋转"电压调节"旋钮至所需电流值。反之,如果需要稳压输出,则先将电压调节为"0",将电流调节至最大,然后开机,再慢慢旋转"电流调节"旋钮至所需电压值。

总之,本机可在工作时随时调整输出电压和电流,但电源在任何情况下只能稳住一种参数,且电压、电流之间符合欧姆定律关系。

(4)本机定时电路在关机时不计时,时钟调整方法如下:

①时钟调整。一般开机后显示正常时间,调整时只需按下"快进"或"慢进"键,可直接调整时间。计时器采用 12 小时制,"＊"在上方表示上午,"＊"在下方表示下午。

②定时调整。按下"定时"键,显示时间为定时时间。按"快进"或"慢进"键调整定时时间,当所用时间到点时,蜂鸣器发声通知,但不会关机。按下"止闹"键叫声停止,否则叫声持续 1 小时后自动停止。

2.DYY-Ⅲ-5 型电泳仪使用注意事项

(1)为确保人身安全,仪器必须良好接地,以防漏电。

(2)进入工作状态后,仪器内有近千伏高压,切勿让杂物(尤其是金属物)掉进仪器背、侧面的百叶窗内。禁止人体接触电极、电泳物及其他可能带电部分,也不可到电泳槽内取放东西。

(3)由于不同介质、支持物的电阻值不同,电泳时所通过的电流量也不同,其电泳速率和所需时间也不同,所以不要同时连接在同一台仪器上进行。

(4)仪器禁止空载开机。特殊情况下允许预置在"稳压"状态下空载开机,在"稳流"状态下必须接好负载再开机,否则电压表指针将大幅度跳动,易发生人为机器损坏。

(5)在总电流不超过仪器最大电流(200 mA)范围,可以多台电泳仪并联使用,不得超载。

(6)仪器通电后,不要临时增加或拔除输出导线插头,以防短路发生,导致仪器损坏。

(7)本仪器或电泳仪使用中发现异常现象,如较大噪音、放电或异常气味,需立即切断电源,进行检修。

2.9 乳化技术

一种或几种液体以极微小(0.1~100 μm)液滴形式分散在另一种互不相溶的液体之中,形成乳白色或灰蓝色半透明状乳状液的过程称为乳化。乳状液属热力学不稳定系统,分散的小液滴有自动聚结而使系统分层的趋势,需要加入少量的表面活性剂作为乳化剂,以增加乳状液的稳定性。乳化剂的作用机制是降低油、水两相之间的表面张力,并在乳滴周围形成牢固的乳化膜,防止液滴合并。乳化剂可以是阴离子型、阳离子型或非离子型表面活性剂,一般用量为油相的 1%~10%。乳状液分为水包油(O/W)和油包水(W/O)两种类型(图 2-9-1),多重乳状液(复乳)则可能是 O/W/O 型或 W/O/W 型。

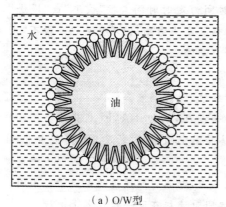

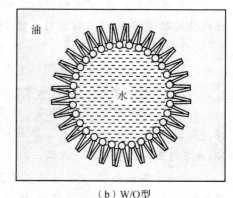

（a）O/W型　　　　　　　　（b）W/O型

图 2-9-1 乳状液类型示意图

乳化技术在药学中应用广泛,乳状液可作为缓释、靶向等给药系统,乳化技术也常作为微型包囊或成球技术的基础。应用乳化技术制成的药物载体,有以下优点:①水与油可以广泛比例混合,分剂量准确;②可控制乳状液的粒径及粒径分布、流变学特性,改变乳滴表面的电学性质,控制乳状液的性质;③难溶性药物可溶于油中;④改善药物的刺激性;⑤提高药物生物利用度;⑥实现药物的缓释、控释;⑦使药物具有靶向性。

一、乳状液的制备

1. 油中乳化剂法

也称干胶法,先将乳化剂分散在油相中研匀,再加水相制备成初乳,然后稀释至全量。

2. 水中乳化剂法

也称湿胶法,先将乳化剂分散在水中研匀,再加入油相,用力搅拌成初乳,加水稀释至全量。

3. 新生皂法

将油水两相混合时,两相界面上生成的新生皂类产生乳化的方法。

4. 机械法

将油相、水相、乳化剂混合后,借助乳化机械提供的强大能量制备乳状液。机械法制备乳状液时可不用考虑混合顺序。

乳化技术首先必须靠外力作功使内相分散成乳滴,然后乳化剂再使乳滴稳定。实验室用于制备乳状液的常用设备有搅拌器、高压乳匀机、高剪切分散乳化机、超声波细胞粉碎机等,不同设备制得的乳状液粒径不同(大约值如图 2-9-2),操作不同时粒径还会有变化。

(1)电动搅拌器

转速 1000 rpm 以下的低速电动搅拌器,其剪切力不大,制得的普通乳粒径范围较宽。高速旋桨搅拌器或组织捣碎机属于高速搅拌乳化装置,转速可达 1000～20000 rpm,利用剪切力和击碎力使液滴分散,在一定的范围内,转速愈高,搅拌时间愈长,乳滴愈小。

(2)高压乳匀机

先混合制备乳状液的液体,或先制得大乳滴粗乳,再经高压泵强行高速通过匀化阀的狭缝,借助强大推动力将两相液体分散成乳状液。

(3)高剪切分散乳化机

利用高速旋转的转子与精密的定子工作腔配合,依靠高速旋转所产生的高圆周线速度和高频机械效应带来的强劲动能,使物料在定、转子狭窄的间隙中受到强烈的机械及液力剪切、离心挤压、液层摩擦、撞击撕裂和湍流等综合作用,迅速减小液滴尺寸,充分分散、乳化、均质、粉碎、混合,从而使互不相溶的油、水两相在表面活性剂的共同作用下,瞬间均匀精细地分散乳化,经过高频的循环往复,最终得到高品质的乳状液。

(4)超声波细胞粉碎机

超声波细胞粉碎机由超声波发生器和超声波换能器两大部分组成。超声波发生器将 220 V 市电转变成 20～25 kHz、约 600 V 交变电能供给换能器,超声波换能器中锆钛酸钡压电振子随交变电压以 18～21 kHz 频率作伸缩弹性形变,换能器随之作纵向机械振动。钛合金变幅杆(又称超声聚能器、tip头)放大了机械振动的位移或速度,并将超声能量集中在较小的面积(聚能),由变幅杆末端以冲击波的形式射入液体中产生空化效应。空化效应使液体内形成空泡,随着空泡震动及其猛烈的聚爆而产生出强烈的机械剪切压力,从而使液体中的固体颗粒或组织、细胞破碎,或使互不相溶的油、水两相发生乳化。

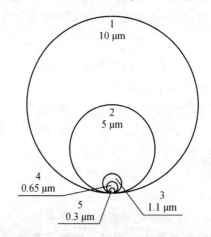

图 2-9-2　不同乳化设备制成乳状液的粒径

1. 低速搅拌器　2. 胶体磨　3. 超声波细胞粉碎机

4. 高速搅拌器、高剪切乳化机　5. 高压乳匀机

二、乳状液的稳定性

乳状液的稳定性包括化学稳定性与物理稳定性,前者主要指油相及乳化剂不易被氧化,或在微生物作用下酸败,物理稳定性的破坏则包括分层、絮凝、相转变、合并、破裂等。乳状液的稳定性是评价其质量的重要一环,也是决定其贮存

期的基本因素,重点考察项目有形状、分层速率、色谱检查降解产物及其含量等。评价乳状液的稳定性的方法原则上就是通过加速试验或测定某些与稳定性有关的参数作出推断。乳状液稳定性的研究方法主要有测定乳状液粒径大小及分布、测定相转变温度、加速试验、离心法、浊度法、黏度法、DLVO 计算法等。

1. 粒径大小的测定

乳状液粒径大小是衡量其质量的重要指标,不同用途的乳状液对粒径大小要求不同。在对乳状液作长期留样观察或加速试验时,可以通过测定乳滴的粒径分布的变化来反映其稳定性的变化。粒径大小的测定可采用光学显微镜测定法、库尔特计数器测定法、激光散射光谱法、透射电镜法、梯度离心法、沉降场流动分级法等。

光学显微镜测定法是在 400 倍光学显微镜下,选择具有代表性的区域,用目镜测微尺测定不少于 600 个乳滴粒径,求其算术平均粒径 $\bar{d}$:

$$\bar{d} = \frac{\sum n_i d_i}{\sum n_i}$$

式中,d_i——乳滴粒子的粒径大小;

n_i——某单一粒径的乳滴的粒子数目。

使用目镜测微尺需要标定,以确定使用同一显微镜及特定倍数的物镜、目镜和镜筒长度时,目镜测微尺上每一格所代表的长度。当测定时放大倍数发生变化(即该目镜与不同物镜组合)时,应分别标定。标定时,将镜台测微尺置于载物台上,对光调焦,移动镜台测微尺使物像于视野中央,此时在视野中可同时观察到镜台测微尺的像及目镜测微尺的分度小格,移动镜台测微尺使两种量尺的左边"0"刻度重合,然后寻找第二条重合的刻度线,记录两条刻度的读数。镜台测微尺每格相当于 10 μm,所以

目镜测微尺每一小格的长度(μm)$= 10 \times \dfrac{相重合区间镜台测微尺的格数}{相重合区间目镜测微尺的格数}$

如镜台测微尺第 15 格和目镜测微尺第 34 格完全重合,则在该目镜与物镜的组合下,目镜测微尺每小格的长度即为 $10 \times \dfrac{15}{34} = 4.4\ \mu m$。

有文献报道光学显微镜法的改进,用打有直径 4.76 mm 圆孔的黏胶带平贴在显微镜载玻片上,用 50 g·L^{-1} 动物胶(40 ℃)作稀释液配制试样(稀释 600 倍),趁热滴加在载玻片的圆孔中,动物胶冷后成凝胶,阻止流动并防止乳滴的布朗运动的影响。测定 200～400 个乳滴,算术平均粒径的置信度可达 95%。

2. 离心法

乳状液经长时间放置,乳滴合并粒径变大,进而出现分层现象,这一过程的快慢是衡量乳状液质量的重要指标。为了在短时间内观察乳状液的分层,可用离心法加速。将乳状液放在 3750 rpm、半径 10 cm 的离心机中离心 5 h,可相当于放置 1 年因密度不同产生的分层、絮凝或合并的结果。

3. 加速试验

文献中有多种加速试验法,其中蒸气灭菌、激烈振摇及冷冻—融化循环一般可用于推算乳状液的贮存期,并测定乳状液在试验前后 pH 值、ζ 电势、乳滴粒径分布的变化情况。

附:

FA25 型实验室高剪切分散乳化机

FA25 型实验室高剪切分散乳化机(图 2-9-3)由上海弗鲁克流体机械制造有限公司生产,以标准 500 W 功率的马达和标准工作支架为一个基本模块,标配 25F 工作头(图 2-9-4),空载速度范围 10000~28000 rpm,最高圆周线速度 27 m·s^{-1},工作介质温度小于 120 ℃。

FA25 型高剪切乳化机采用间歇式高剪切工作过程(图 2-9-5):①在高速旋转的转子产生的离心力作用下,物料从工作头下方进料区从轴向吸入工作腔;②强劲离心力将物料从径向甩入定、转子之间狭窄精密的间隙中,物料受到离心挤压、

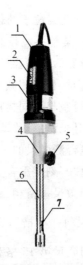

图 2-9-3　FA25 型实验室高剪切分散乳化机
1. 调速器　2. 马达　3. 马达开关　4. 马达联体　5. 锁紧螺钉　6. 工作头　7. 溢流孔

撞击等作用力,达到初步的分散乳化;③高速旋转的转子外端产生高圆周线速度,使物料充分乳化的同时不断高速地从径向的定子槽射出;④径向射出流在

物料本身和容器壁的阻力下改变流向,配合转子区产生的轴向抽吸作用,形成上、下两股强烈的翻动湍流。物料经过数次循环,最终完成分散、乳化、均质过程。

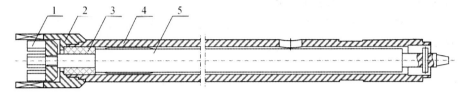

图 2-9-4　25F 工作头结构图

1. 转子　2. 定子　3. 四氟轴承　4. 定子管　5. 主轴

FA25 型实验室高剪切分散乳化机属于精密、昂贵实验仪器,使用方法及注意事项如下:

1. 操作机器之前必须先检查马达,进行至少 30 s 的无负载试转。检查工作头有无异常、变形、损坏,然后正确安装工作头。

2. 开机前,检查插座是否接地,电路电压是否为 220 V。检查容器内不能有坚硬物,避免定转子与坚硬物碰撞。

图 2-9-5　高剪切分散乳化原理示意图

3. 本机严禁脱离介质运转,工作头中的四氟轴承需完全浸没在液体(温度低于 120 ℃)中,否则会损坏四氟轴承。工作头距液面需大于 25 mm,距容器底部不少于 10 mm,可稍微偏心放置,更利于介质的翻动。

4. 开机时,先将马达开关推至锁定位,然后以最低速度开始驱动,慢慢调高转速,直至所需转速。在物料的黏度或固含量较高或在负荷不断增加的情况下,电子调速装置会自动降低转速,这时应适当减少工作物料的容量或通过稀释以降低黏度。加料时容器中可先加入黏度小的液体,开始工作后再加入黏度大的液体,最后再均匀加入固体物料。

5. 关闭电源后主轴仍会继续转动,必须等待机器完全静止后,才可进行下一步操作。

6. 工作头使用后,必须及时清洗干净,清除粘在转子和定子的缝隙处残余物,避免细菌繁殖。对于易清洗的物料,可在水中加适量清洗剂,让工作头中速运转 5 min,然后蒸馏水洗净,软布擦干。对于难以清洗的物料,建议使用溶剂清洗,但不宜用腐蚀性强的溶剂长时间浸泡。每次把工作头清理干净后需套上专用套管,并存放在干燥处。

7. 如遇噪声大而异常、运转不平稳、物料从上部溢流孔中喷出等不正常现象,应迅速调低转速停机检查。

JY92-ⅡDN 型超声波细胞粉碎机

JY92-ⅡDN 型超声波细胞粉碎机(图 2-9-6、图 2-9-7)由宁波新芝生物科技股份有限公司生产,是一种利用强超声在液体中产生的空化效应对物质进行超声处理的多功能、多用途仪器,能用于多种动植物组织、细胞的破碎,还可用于乳化、分离、分散、匀化、提取、脱气、清洗及加速化学反应等,广泛应用于生物化学、药物化学、表面化学、制药等领域的科研、生产。

JY92-ⅡDN 型超声波细胞粉碎机工作频率范围 20~25 kHZ,超声功率 20~900 W,超声时间 0.1~99.9 s,间隙时间 0.1~99.9 s,全程时间 1~999 min,温度保护 0~99 ℃。本机标配 ∅6(直径 1/4″,6 mm)变幅杆,允许超声功率 60~650 W,破碎容量 10~100 mL。

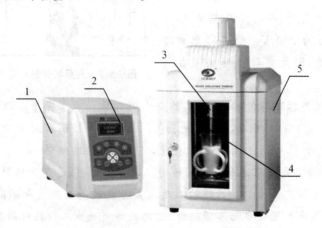

图 2-9-6　JY92-ⅡDN 型超声波细胞粉碎机
1. 超声波发生器　2. 控制面板　3. 超声波换能器　4. 变幅杆　5. 隔音箱

1. JY92-ⅡDN 型超声波细胞粉碎机的使用方法
(1)正确连接安装仪器。

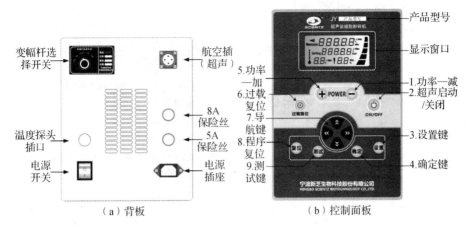

图 2-9-7　超声波发生器

（2）打开电源，调整变幅杆种类、总时间、超声工作时间、超声间隙时间、保护温度、超声功率等参数。

（3）将样品装入适当容器固定好，调整变幅杆处于容器中心位置，启动，开始工作。

（4）按设定程序工作完毕，仪器处于停振状态。如需重复按"过载复位"键，如不需要重复则关机，并切断电源。

2. JY92-ⅡDN 型超声波细胞粉碎机使用注意事项

（1）本机使用应接地良好，准备就绪不需预热直接开机工作。

（2）严禁在变幅杆未插入液体（空载）时开机，否则会损坏换能器或超声波发生器。

（3）变幅杆末端严禁与容器接触，距液面、容器底部一般大于 30 mm，超声功率较小时距容器底部须不少于 10 mm。

（4）选择合适的超声功率，原则上在超声时不打空、不飞溅，如出现打空、飞溅现象，应将功率调小些、超声时间调短些，以免变幅杆过载而断裂。

（5）在超声破碎时，液体温度会很快升高，必要时可外加冰水浴冷却。一般工作时间不宜过长，建议采用短时多次破碎（每次不超过 5 s），间隙时间应大于工作时间。短时多次工作比连续长时间工作效果好，可防止液体发热。不间断长时间工作也容易形成空载，缩短仪器寿命。

（6）使用一定时间后变幅杆末端会被空化腐蚀而发毛，可锉平使用，否则会影响工作效果。多次锉磨后变幅杆变短，使用时会出现功率小或发不出超声的现象,可把背板的"变幅杆选择开关"拨到可正常工作位置为止(此时变幅杆型号与选择开关的实际位置可以不一致)。这样做可适当延长变幅杆的使用时间,建议不要长期使用,应及时更新变幅杆。

2.10 离心技术

离心技术在化学、生物、医药、食品、环境等科学研究领域应用十分广泛,主要用于各种样品的分离和制备。液—固、液—液、液—液—固等悬浮液或乳状液在离心机转头高速旋转所产生的巨大离心力作用下,微小颗粒以一定的速度沉降分离,其沉降速度取决于微粒的质量、大小和密度,不同物质在离心力场中沉降速度不同,混合溶液得以快速分离。在离心机中,将装有等量试液的离心容器(离心瓶、离心管)对称放置在转头内,通过电动机带动转头高速旋转所产生的相对离心力(RCF)使容器内微粒发生离心沉降。转速越快,离心力越大,微粒沉降越快,分离越彻底。

一、离心机的基本原理

微粒在高速旋转下受到离心力作用通常用地球重力加速度的倍数表示,称为相对离心力 RCF($\times g$),例如 $25000 \times g$ 表示作用于微粒的相对离心力相当于地球重力加速度的 25000 倍。相对离心力的大小取决于微粒所处的位置至轴心的水平距离(即旋转半径 R)及转头的转速 n:

$$\text{RCF} = 1.118 \times 10^{-5} n^2 R \tag{2.10.1}$$

式中,n—转速,转数/分钟(rpm,r · min^{-1});

R—旋转半径,常用平均半径 $R_{av} = (R_{max} + R_{min})/2$ 代替计算,cm。

一般情况下,低速离心时常直接以转速 n(rpm)表示,高速离心则以 RCF($\times g$)表示。从(2.10.1)式可以看出,微粒在离心管内不同位置所受的相对离心力发生动态变化,所以科技文献中离心力数据通常是指离心管中点(R_{av})处的离心力(图 2-10-1)。

在离心力场中,混合液中微粒沉降时间 T_s 为:

$$T_s = \frac{2.54 \times 10^{11} \ln \dfrac{R_{max}}{R_{min}}}{n^2 S} \tag{2.10.2}$$

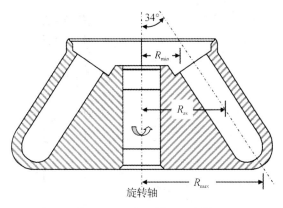

图 2-10-1　离心原理示意图

式中，T_s—离心沉降时间，小时（h）；

$\quad\quad$ S—微粒在离心介质中的沉降系数，$S(10^{-13}\,\text{s})$；

$\quad\quad$ R_{max}—离心试液的底至轴心的水平距离，cm；

$\quad\quad$ R_{min}—离心试液的面至轴心的水平距离，cm。

对于选定转头，定义转子系数 K 描述在一个转头中微粒沉降的效率，也是描述溶液恢复澄清的一个指数：

$$K=\frac{2.54\times10^{11}\ln\dfrac{R_{max}}{R_{min}}}{n^2} \qquad (2.10.3)$$

一般离心机转头说明书上都列出了 K 值，它是根据该转头最高转速及转头几何尺寸定下的 R_{max} 和 R_{min} 算出的，K 值越小，对同一样品离心时间越短。比较(2.10.2)、(2.10.3)二式，得：

$$T_s=\frac{K}{S} \qquad (2.10.4)$$

式中沉降系数 S 可由计算得到，也可按文献类似物估算出。由(2.10.4)式估算的微粒离心时间，对水平式转子最适合；对固定角式转子而言，实际时间比预估时间短些。

在实际使用离心机时，为便于进行转速和相对离心力之间的换算，可查阅表示旋转半径 R、转速 n、相对离心力 RCF 三者关系的离心力列线图(图 2-10-2)。在列线图中标定已知的两个数值（如旋转半径 A、转速 B），连成直线，则直线和离心力列线的交点数值 C 即为相对离心力 RCF 数值。

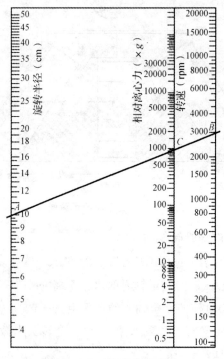

图 2-10-2　离心力列线图

二、离心机的主要类型

离心机常分为工业用离心机和实验用离心机,实验用离心机又分为制备型离心机和分析型离心机。制备型离心机主要用于分离各种混悬液,分析型离心机一般带有光学系统,主要依据待测物质在离心场中的行为推断物质的纯度、形状和分子量等。

1. 普通离心机

最大转速 6000 rpm 左右,最大相对离心力近 6000×g,容量为几十毫升至几升,分离形式是固液沉降分离,用于收集易沉降的大颗粒物质。普通离心机通常于室温下操作,转子有角式和外摆式,其转速无法严格控制,转头置于一个硬质钢轴上,所以需精确平衡离心管及内容物,否则会损坏离心机。

2. 高速冷冻离心机

转速达 8000～30000 rpm,最大相对离心力近 90000×g,最大容量可达

3 L,分离形式也是固液沉降分离。转头配有各种角式转头、荡平式转头、区带转头、垂直转头和大容量连续流动式转头。一般都有制冷系统,离心室的温度可以调节和维持在 0～4 ℃,转速、温度和时间可严格准确控制。高速冷冻离心机通常用于微生物菌体、细胞碎片、大细胞器、免疫沉淀物等的分离纯化工作,但不能有效地沉降病毒、小细胞器或单个分子。

3. 超速离心机

转速高达 30000～80000 rpm,最大相对离心力超过 500000×g,离心容量为几十毫升至 2 L,分离的形式是差速沉降分离和密度梯度区带分离。它能使过去仅仅在电子显微镜观察到的亚细胞器得到分级分离,还可分离病毒、核酸、蛋白质和多糖等。超速离心机装有真空系统,容易控制温度的变化,摩擦力很小,才能达到所需的超高转速。2001 年起,实验超高速离心机(Hitachi Koki CS-150GX)最高转速达到 150000 rpm,最大相对离心力突破 1050000×g。

三、离心机的使用和维护

普通离心机主要由电机、转头、离心管三部分构成,而高速和超速离心机构造复杂,包括了电机及控制系统、转头及附件、制冷系统、真空系统、防护设备等多种部件。离心机的使用和维护因机而异,但基本准则是共通的。

1. 离心机的使用方法与注意事项

(1)选择合适的离心机,详阅说明书,以免误操作。

(2)将离心机安放在坚固平整的台面上,使用前必须先检查面板上各旋钮是否在规定位置(电源在"关"的位置,调速旋钮、定时旋钮在"零"的位置)。

(3)离心管(包括离心溶液、离心管外套、离心管盖等)需严格平衡后方能开启离心机,一般在每支离心管中放置等量的样品,然后对称放入转头内(如图 2-10-3)。离心管没有平衡,离心机在运行过程中产生震动,严重则可能损坏仪器甚至伤人。离心溶液不宜过满,以防离心时溶液溢出,还应杜绝有害物质腐蚀离心机、离心管及附属设备。

(4)勿忘在离心机转子或离心机腔上加盖,以免发生事故。加紧盖子可防止高速旋转时离心机管口空气阻力大而给机器增加压力,同时防止转头周围空气形成负压面而使转子上浮。仪器在高速旋转时不得随意打开盖子,有机玻璃盖上面不能堆物。

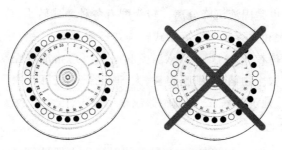

图 2-10-3　离心容器对称放置示意图

（5）打开电源开关启动仪器，按需调整仪器运行参数（包括运行时间、转速等），观察离心机是否正常运转。

（6）离心机转子的安置应严格按照使用说明，保证合轴平稳转动。离心时转速不能超过转头允许的最高速度，最高转速还需根据样品密度作修正，其他离心参数也要严格选定。

（7）离心结束后，所有参数归零，待机器完全停止运转后，方可取出试管进行分析。擦净转头及离心腔内积水，转头及离心机停存在干燥处，务必拔下电源线的插头。

2. 离心机的维护保养

（1）离心机应使用独立的插座，保证电压稳定。台式离心机要放在结实、稳固、水平的台面上，机箱周围留有一定空间保证通风。

（2）离心机较长时间未使用，在使用前应先开启机盖干燥内腔。使用离心机后，应清理干净并打开机盖自然晾干。

（3）转头应固定在准确位置，固定螺丝应拧紧，如发现转头被腐蚀及裂痕，应立即更换。必须定期保养转子、吊篮及套管等部位。

（4）离心过程中如发生玻璃管破碎，应将离心机腔体、套管等处碎屑清理干净，否则会损伤离心机。可在腔体上部涂一层凡士林，转子慢速运行数分钟，碎屑即很容易与凡士林一起清除。

（5）离心机可用中性清洗剂清理，用通常消毒剂消毒，定期清除离心机后部散热片的灰尘。电机的碳刷应及时更换，以免磨损整流子。

附：

TGL-16G 高速台式离心机

　　TGL-16G 高速台式离心机(图 2-10-4)造型美观,结构紧凑,运用变频技术调速,具有体积小、轻便灵活、噪音低、温升小、使用效率高、安全可靠等优点,适用于样品量少的实验分析工作,广泛应用于化学、生物、医药、农业科学等领域对样品的高纯度分离、取样。该机配有两个转头,其离心转速由控制面板上的电位器通过控制电路直接控制,可实现无级调速,转速设定不得超过该转子的最大转速。

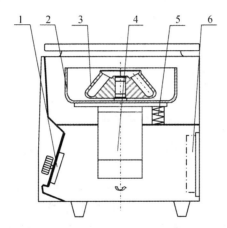

图 2-10-4　TGL-16G 高速台式离心机
1. 控制面板　2. 保护腔　3. 转头　4. 电机　5. 减震器　6. 电器控制系统

表 2-10-1　TGL-16G 转头技术指标

选择开关	类型	容量/mL	极限转速/rpm	最大相对离心力/($\times g$)
1	角式	1.5×12	16000	17000
2	角式	5×10	12000	10143

第三部分　物理化学实验内容

实验一　恒温槽的组成及性能测试

一、实验目的

1. 了解恒温槽的基本构造与恒温原理；
2. 掌握恒温槽的使用，学会熟练调节恒温槽；
3. 绘制恒温槽灵敏度曲线，分析恒温槽的性能。

二、实验原理

控制温度恒定的恒量槽是物理化学实验的基本装置。物质的许多物理、化学性质，如折射率、黏度、表面张力、吸附量、化学反应速率系数、电导率、电动势等都与温度有关，所以测定这些物理量，必须在恒定的温度下进行。恒温控制方法可分为两类：一是利用物质的相平衡温度获得恒温条件；二是使用恒温槽。一般玻璃恒温水浴温度波动范围在 ± 0.1 ℃左右，精密控温的恒温槽回差可小于 ± 0.001 ℃。

恒温槽主要由浴槽、加热器、温度控制器、搅拌器、温度计等部件组成（图 2-2-2）。浴槽中的液体介质温度，通过加热器的工作状态发生升降，而加热器的工作状态由温度控制器根据实验者的设定与介质实际温度的差异自动进行调节。加热器释放的热量由搅拌器快速均匀化，介质实际温度由温度计指示。

恒温槽的加热器工作时产生热量向外传递，热量传递需要时间，因此常出现温度传递的滞后现象，恒温槽内不同区域的温度也不相等，当温度控制器的感温探头测量到温度到达设定值，加热器附近介质的实际温度一般已超过该设定值，所以随着搅拌恒温槽温度将继续升高，最终高于设定值。同理降温时也会出现滞后现象。显然,恒温槽的温度并不是一个固定不变的恒定值,而是在一个温度范围内波动。恒温槽温度波动的范围越小,浴槽各处的温度越均匀,恒温槽的灵敏度就越高,恒温性能越好。

灵敏度是衡量恒温槽性能优劣的主要指标,在某设定温度下用精密温度计记录恒温槽的温度随时间的变化,每隔一定时间记录一次温度计读数,然后以温度为纵坐标、时间为横坐标绘制温度—时间关系曲线,称为恒温槽的灵敏度曲线(图 3-1-1)。

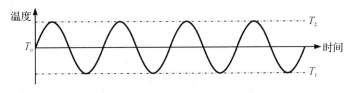

图 3-1-1　恒温槽的灵敏度曲线

恒温槽的平均温度 T_0 可取最高温度 T_2 和最低温度 T_1 的算术平均值,一般情况下该平均温度与设定温度相同:

$$T_0 = \frac{T_1 + T_2}{2} \tag{3.1.1}$$

恒温槽在 T_0 处的灵敏度为:

$$\Delta T = \pm \frac{T_2 - T_1}{2} \tag{3.1.2}$$

恒温槽的灵敏度首先取决于温度控制器的控温原理、控温性能、感温探头性能等因素,也与加热器功率、搅拌器效率、浴槽保温性能、介质的蒸发速度等因素直接相关,还取决于所有这些部件的相对配置与组装。这些因素对控温精度的影响及恒温槽安装的注意点有:

1. 液体介质流动性好,热容大,则精度高。

2. 感温探头热容小,与介质的接触面积大,温度传感器的性能好,则精度高。

3. 在功率足以补充恒温槽单位时间内向环境散热的前提下,加热器功率越小,精度越高。加热器本身的热容越小,加热器管壁的导热效率越高,精度也越高。

4. 搅拌器效率越高,液体介质各部分温度越均匀,精度越高。

5. 搅拌器安装在加热器附近,可使加热器释放的热量迅速传送出去。感温探头也要放在加热器附近,可快速感知加热器附近介质的温度变化。被研究的系统则一般放在恒温槽中温度最稳定的区域恒温,测量温度的精密温度计也应放在待测系统附近。

常见的几种恒温槽灵敏度曲线如图 3-1-2 所示。

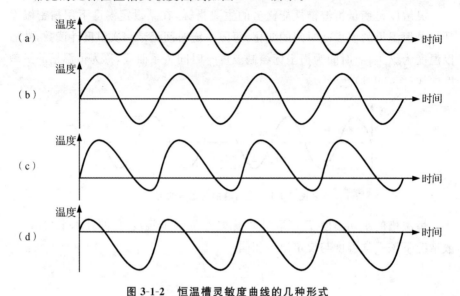

图 3-1-2　恒温槽灵敏度曲线的几种形式
(a)灵敏度良好　(b)灵敏度稍差　(c)加热器功率过大
(d)加热器功率偏小或浴槽散热太快

图 3-1-2 中(a)线灵敏度良好。(b)线灵敏度稍差,反映了感温系统反应慢。(c)线中恒温槽最高温度 T_2 与平均温度 T_0 差异大,可能是加热器功率、热容偏大。(d)线中恒温槽最低温度 T_1 与 T_0 的差异大,则可能是加热器功率偏小或恒温槽散热过快导致,可以给恒温槽增加保温措施,或适当调低搅拌速度。需要注意,搅拌速度不能太慢,否则加热器产生的热量无法及时传递,造成恒温槽内各区域温度不均匀。

如前所述,恒温槽的灵敏度和恒温性能是一系列部件综合作用的结果。我们要通过分析恒温槽的灵敏度曲线,充分考虑浴温与环境的温差,合理调整浴缸大小、材质、介质种类、加热器功率与热容、搅拌方式与速度、温度调节器、温度控制器等性能参数,提高恒温槽的控温精度。

三、仪器药品

恒温槽 1 套,精密数字温度温差仪 1 台,秒表 1 个,烧杯 1 个。

四、实验步骤

1. 连接恒温槽各部件,浴缸内放入适量蒸馏水。

2. 检查没有连接错误后,接通总电源。

3. 设定温度调节器,使初始设定值高于浴槽介质实际温度而低于恒温所需温度2~3 ℃。加热器开始工作,密切注意精密数字温度温差仪的读数。逐渐调高温度调节器的设定值,使介质的温度逐渐逼近并最终恒定在所需温度。

4. 每隔一定时间记录温度一次,测定 30 min。

5. 依次改变恒温温度,改变加热器功率,改变搅拌速度,分别重复以上步骤。

五、数据处理

绘制恒温槽温度—时间变化的灵敏度曲线,并计算恒温槽的平均温度、灵敏度。

表 3-1-1　恒温槽温度随时间变化情况

大气压_____kPa,室温_____℃,恒温槽设定温度_____℃

加热器功率	搅拌速度	时间/min	1	2	3	4	5	⋯
		温度计读数/℃						
		温度计读数/℃						

六、实验指导

1. 预习要求

(1)预习热效应的测量、温度控制等相关知识。

(2)熟悉恒温槽各组成部件的工作原理,熟悉恒温槽的调节及性能测试方法。

2. 注意事项

(1)为保护恒温槽加热器、搅拌器、感温探头等部件免受腐蚀,浴缸中的介质需用蒸馏水。

(2)本实验的恒温槽属于常温区装置,恒温温度只能高于室温。本实验恒温槽只能通过控温系统使温度升高,无法使水温下降。若恒温槽温度超过所需或设定温度,则只能通过自然降温或向浴槽中添加较低温度的蒸馏水使其先暂时降温。

(3)如果使用电接点水银温度计作温度调节器,注意掌握电接点温度计的正确使用方法,特别注意不能以电接点温度计温度标尺的示值作为恒温槽的实际温度。恒温槽温度必须从精密温度计处读出。

3. 思考题

(1)恒温槽的性能如何表示,其灵敏度与哪些因素有关?

(2)如何调节恒温槽使得浴温符合实验需要?

(3)如果恒温槽浴温超过设定温度,该如何处理?

(4)可否以水银电接点温度计的刻度指示恒温槽的温度,为什么?

(蒋智清)

实验二 燃烧热的测定

一、实验目的

1. 了解热化学实验的一般知识和测量技术，掌握燃烧反应热效应的测量技术，熟悉氧弹式量热计的原理、构造及使用方法；

2. 用氧弹式量热计测定萘的燃烧热，熟悉恒压燃烧热与恒容燃烧热的差别与关系；

3. 掌握雷诺作图法校正温差的原理及方法。

二、实验原理

在标准压力和指定温度下，1 mol 物质完全燃烧的等压热效应称为该物质的标准摩尔燃烧焓，用 $\Delta_c H_m^\ominus$ 表示。完全燃烧是指燃烧的物质变成最稳定的完全燃烧产物，如化合物中 C 转为 $CO_2(g)$，H 转为 $H_2O(l)$，N 转为 $N_2(g)$，S 转为 $SO_2(g)$，Cl 转为 $HCl(aq)$。实际测量中，常用氧弹式量热计测得恒容反应热效应（Q_V）。若将参与燃烧反应的气体看作理想气体，有：

$$\Delta_c H_m = \Delta_c U_m + \sum \nu_B RT \tag{3.2.1}$$

式中，$\Delta_c H_m$—恒压摩尔燃烧焓，Q_p，$J \cdot mol^{-1}$；

$\Delta_c U_m$—恒容摩尔燃烧焓，Q_V，$J \cdot mol^{-1}$；

ν_B—参加反应的各气体物质的化学计量数。

所以
$$Q_p = Q_V + (\Delta n)RT \tag{3.2.2}$$

式中，Δn—产物与反应物中气体物质的物质的量之差。

1. 氧弹式量热计

测定不同的热焓，应采用不同的量热法和量热计。本实验采用氧弹式量热计进行测量，基本原理是能量守恒定律。在绝热条件下，将氧弹置于盛有一定量量热介质（常用水）的量热系统中，氧弹内定量的待测样品完全燃烧，释放的全部热量使整个量热系统（包括反应物、产物、量热介质、量热计、氧弹等）的温度升高。测量燃烧前后系统温度的变化 ΔT，就可以求出该样品的 Q_V，其关系式：

$$\frac{m}{M}Q_v + m_{引燃丝} Q_{引燃丝} - 5.983\,V = C \cdot \Delta T \qquad (3.2.3)$$

式中，Q_v—待测物质的恒容摩尔燃烧热，$J \cdot mol^{-1}$。

m—待测物质的质量，g。

M—待测物质的相对分子质量，$g \cdot mol^{-1}$。

$m_{引燃丝}$—燃烧的引燃丝的质量，g。

$Q_{引燃丝}$—引燃丝的恒容燃烧热，$J \cdot g^{-1}$。

V—滴定所消耗的 $0.1000\ mol \cdot L^{-1}$ NaOH 溶液的体积，mL。

5.983—硝酸的生成热。实际燃烧时，N_2 转为硝酸，可用 NaOH 溶液测定燃烧生成的硝酸的量。每消耗 1 mL $0.1000\ mol \cdot L^{-1}$ NaOH 溶液相当于 5.983 J 热量。

C—量热系统的热容，$J \cdot K^{-1}$。

ΔT—燃烧前后量热系统的温度变化，K。

量热系统的热容 C 可间接测定：在完全相同的条件(大气压力、环境温度相同，同一套量热计，相同量的量热介质)下，将定量的已知恒容燃烧热的物质(比如苯甲酸，恒容燃烧热 26460 $J \cdot g^{-1}$)完全燃烧，测定量热系统的温度变化，根据(3.2.3)式求出 C 值。

氧弹式量热计的结构如图 3-2-1 所示，有较好的绝热性能，可实现精密测量。内筒是量热计的主体，下方以绝热脚垫托起，上方覆盖绝热盖板以减少量热介质的蒸发及其蒸气对流。为减少热辐射及控制环境温度恒定，内筒与外界以空气层实现绝热。为实现样品的完全燃烧，高度耐压的氧弹内充入高压氧气，粉末样品压成片状以防止充气或燃烧时样品飞散开。为使燃烧产生的热量完全传递给量热计及其量热介质，氧弹用高导热的不锈钢材料制造，量热计内筒器壁高度抛光以减少热辐射，并使用搅拌系统保证介质温度快速均匀。为防止通过搅拌棒传热，金属搅拌棒上端用绝热良好的材料与电动机相连。

2. 雷诺校正法

尽管如此，要做到量热计完全绝热是不可能的，它与周围环境的热交换无法完全避免。同时搅拌器对量热介质做功也会导致介质温度升高。所以燃烧前后系统温度的变化 ΔT 常用雷诺作图法校正，扣去搅拌器产生的热，加入散失的热，才是真正由物质燃烧释放的热。

实验时称适量待测物质，使燃烧后水温可升高 1.5～2.0 ℃。预先调节水温使低于室温 0.5～1.0 ℃，然后将燃烧前后测得的温度 T 对时间 t 作图

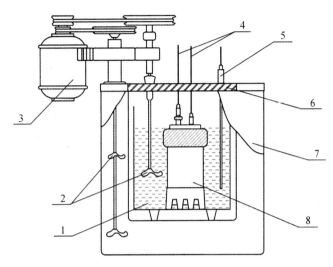

图 3-2-1　氧弹式量热计结构图

1. 内筒　2. 搅拌器　3. 搅拌电动机　4. 电极　5. 感温探头
6. 内筒盖　7. 外筒　8. 氧弹

(图 3-2-2),连成曲线 $ABCD$。图中 A 点为曲线计时开始点,B 点相当于燃烧开始点,C 点为观察到的最高温度读数点(相当于燃烧反应结束点),D 点为曲线计时结束点。C、B 点的温度差值 $\Delta T'(=T_2-T_1)$ 并不是真正由反应热效应引起的。经室温 T_0(量热计未加冰调节前内筒水温)作横轴平行线交曲线于 O,过 O 点作横轴垂线 GH,延长 AB、DC 线交 GH 于 E、F 点。EE' 为开始燃烧到温度上升至室温这一段时间 Δt_1 内,由环境传入和搅拌引入的总能量造成系统温度的升高值($=T_3-T_1$),必须扣除。FF' 为温度由室温升高到最高点这一段时间 Δt_2 内,与环境交换及搅拌引入的总能量造成系统温度的改变值($=T_4-T_2$)。由于 OCD 段曲线高于室温,如果量热计绝热较差〔如图 3-2-2(a)〕,向环境传出的能量大于搅拌引入,从而造成系统温度降低,所以应该添加上 $|T_4-T_2|$。如果量热计绝热良好〔如图 3-2-2(b)〕,向环境传出的能量小于搅拌引入,系统温度继续升高,曲线可能不会出现最高点,此时应该扣除 $|T_4-T_2|$。由此可见,F、E 两点的温度差值 $\Delta T(=T_4-T_3)$ 才真正比较客观地表示由于样品燃烧引起的系统温度升高的数值。

三、仪器药品

氧弹式量热计 1 台,压片机 2 台,立式充氧机 1 台,引燃丝 1 卷,高压氧气

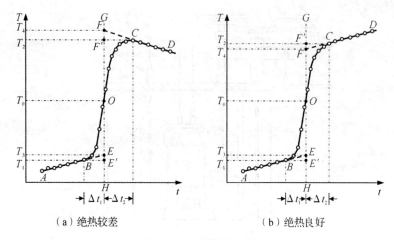

（a）绝热较差   （b）绝热良好

图 3-2-2　雷诺校正图

钢瓶 1 只,精密数字温度温差仪 1 台,电子天平 1 台,台秤 1 台,万用电表 1 台,电热套 1 个,镊子 1 只,小螺丝刀 1 把,尺子 1 把,研钵 2 只,1000 mL 容量瓶 1 个,5 mL 吸量管 1 根,250 mL 锥形瓶 2 只,25 mL 碱式滴定管 1 根,洗耳球 1 个。

苯甲酸(AR),萘(AR),0.1000 mol·L^{-1} NaOH 溶液,酚酞,冰块。

四、实验步骤

1. 仪器热容的测定

(1)样品压片(图 3-2-3)　取约 13 cm 的引燃丝,精确称量其质量。将引燃丝中段绕成环状,从下方垂直放入压片机的钢制外模,将模底小心放入外模底槽并置于模托上。50~60 ℃下烘干苯甲酸,研细,称量约 1 g,从外模上方将粉末缓慢加入,使粉末将引燃丝环浸埋,轻轻压下压片机内模并徐徐用力。抽去模托和底模,继续轻压,用滤纸接住样品压片,小心除去样品压片表面的碎末,精确称量其质量。

(2)准备氧弹(图 3-2-4)　将弹盖放置在专用弹头支架上,清理坩埚和进气管、坩埚架上的接线柱,小心将样品压片放入坩埚,将引燃丝两端紧绕在电极上,用万用电表插入弹盖上方通气阀和电极插孔,检查两电极是否通路。清理氧弹,加入 5 mL 蒸馏水(溶解 HNO$_3$,并使 H$_2$O 尽快凝聚),小心旋紧弹盖。将氧弹置于立式充氧机底板中央,将充氧机的气嘴正对氧弹的通气阀,压下手柄,氧弹的通气阀和气嘴的内阀塞互相顶起,氧气自气嘴从通气阀进入氧弹,压住手柄,观察充氧机的压力表读数达 0.5 MPa,抬起手柄,停止充气。检

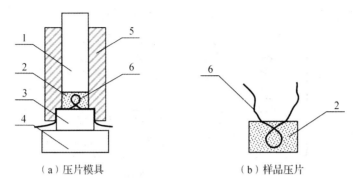

（a）压片模具　　　　　　　　　（b）样品压片

图 3-2-3　样品压片示意图

1. 内模　2. 样品　3. 模底　4. 模托　5. 外模　6. 引燃丝

查氧弹是否漏气,轻顶氧弹通气阀小心排出气体,以赶出氧弹中的空气。再次充气,保持 1.5 MPa 10～15 s。再次检查弹盖上方两电极是否通路。

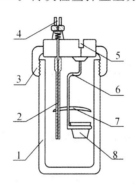

图 3-2-4　氧弹结构示意图

1. 弹体　2. 进气管　3. 弹盖　4. 通气阀(兼电极)　5. 电极插孔
6. 坩埚架　7. 燃烧挡板　8. 坩埚

(3)准备量热计　将氧弹垂直放入量热计内筒。准确量取 3000 mL 预先调节低于室温约 1 ℃的自来水,顺筒壁倒入干燥的内筒。用电极线连接氧弹的点火电极与控制面板(图 3-2-5)的点火输出孔,盖好内筒盖板,插入精密数字温度温差仪的感温探头。记录室温 T_0。

(4)点火、测温　开启电源开关,点火指示灯亮。开启搅拌器,观察内筒水温,待温度稳定上升,开始计时并记录温度,每 15 s 测定一次。10 min 后按下"点火按钮"点火,点火指示灯短暂熄灭后亮起,氧弹内样品持续燃烧,直到引燃丝烧断,点火指示灯再次熄灭,内筒水温迅速上升。每 15 s 一次连续记录温度,直至回到温度稳定变化,再记录 10 min 即可停止。

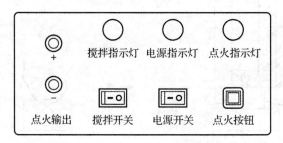

图 3-2-5　氧弹量热计控制面板

（5）称量、滴定　关闭电源开关,取出氧弹,轻顶通气阀小心排出气体,旋开弹盖,检查氧弹内样品燃烧情况。氧弹内应无未燃烧样品或大量黑色炭样物质,拣出未燃尽的引燃丝准确称量质量。用 10 mL 蒸馏水冲洗氧弹内部 3 次,洗涤液煮沸片刻除去 CO_2 后静置冷却,以酚酞作指示剂,NaOH 溶液滴定到终点,记录消耗的体积。

2. 萘燃烧热的测定

称取约 0.6 g 萘,按上述方法测定萘燃烧时量热系统的温度变化。

五、数据处理

1. 分别作苯甲酸、萘燃烧的 T-t 曲线,用雷诺作图法求出样品燃烧引起的系统温度升高值 ΔT。

2. 据（3.2.3）式计算氧弹式量热计的热容 C 值、萘的恒容摩尔燃烧热 Q_V,据（3.2.2）式计算萘的恒压摩尔燃烧热 Q_p,计算实验误差（文献值 101.325 kPa、25 ℃时萘的 $Q_p=5153.85$ kJ·mol^{-1}）。

表 3-2-1　苯甲酸、萘燃烧情况记录表

大气压_____kPa,室温_____℃,引燃丝 Q_V_____J·g^{-1},NaOH 浓度_____mol·L^{-1}

样品	样品质量		引燃丝质量			V_{NaOH}/mL
	$m_{样品压片}$/g	$m_{样品}$/g	$m_{总}$/g	$m_{剩余}$/g	$m_{燃烧}$/g	
苯甲酸						
萘						

表 3-2-2 苯甲酸、萘燃烧过程温度—时间变化记录表

样品	时间/s	15	30	45	60	75	90	…
苯甲酸	温度/℃							
萘	温度/℃							

六、实验指导

1. 预习要求

(1)了解热化学实验的一般知识和测量技术,预习氧弹式量热计的原理、构造及使用方法。

(2)了解气体钢瓶的使用方法。

(3)预习雷诺作图法的原理和方法。

2. 注意事项

(1)待测样品需干燥,受潮样品不易燃烧且称量有误。研钵和压片模具使用前要保证洁净干燥,测定不同样品时要分开使用。

(2)压片时注意将引燃丝垂直浸埋于样品粉末中央,小心放入模底避免卡断引燃丝。压片机内模应能自由进出外模,注意压片力度要均匀适中,压力太大易压扁、压断引燃丝,压力太小导致样品压片疏松易散,在充氧气时部分样品被吹离压片没有燃烧,或发生爆炸性燃烧,氧弹内出现大量黑色炭样物质,造成较大测量误差。

(3)样品压片中引燃丝出现电阻大或断路,将无法点火成功。万能电表检查弹盖两电极接点间电阻应小于 20 Ω。注意引燃丝不能和坩埚接触,否则发生短路也无法成功点火。量热计内筒水量过多淹没弹盖接触到电极,也容易发生短路。

(4)预先检查氧弹是否漏气。若氧弹放入量热计内筒出现连续气泡,说明氧弹在漏气,应泄压打开氧弹,检查清楚再重新充气,否则无法成功点火或燃烧不完全。

(5)为保证每次测量时量热系统的热容 C 一致,内筒水量必须相同,可在内筒装入预先调低水温的自来水后置于电子秤上精确调整质量。

(6)在开始阶段测定内筒温升时,注意不能过早点火,否则无法进行雷诺校正。点火后,水温迅速上升,说明点火成功。若温度不变或只有微小变化,

说明点火没有成功或样品没有充分燃烧。点火若失败,应先关闭电源,检查电极与控制面板的连接是否良好,取出氧弹泄压,仔细检查样品压片、引燃丝等,找出原因并排除后重做。

(7)使用氧气钢瓶时,应缓缓打开钢瓶上方阀门,不可用力猛开。实验结束关闭总阀后,应将氧气钢瓶的减压阀余气放尽,然后旋松调节螺杆避免弹性元件长期受压变形。

(8)数据处理时应扣去硝酸的生成热,与"5.983 J"相当的是 1 mL 0.1000 mol·L^{-1} NaOH 溶液。如果实验时 NaOH 溶液浓度不是0.1000 mol·L^{-1},注意要进行换算。

3. 思考题

(1)在本实验中哪些是系统?哪些是环境?系统和环境通过哪些途径进行热交换?

(2)为什么量热计中内筒的水温应调节到略低于室温约 1 ℃?如何用雷诺作图法校正温差?

(3)测定仪器热容及萘的燃烧热时所用的水量不可能完全相等,有什么影响?

(兰建明)

实验三　完全互溶双液系统沸点—组成相图

一、实验目的

1. 掌握绘制完全互溶双液系统沸点—组成相图的原理；
2. 学习超级恒温槽、沸点仪以及阿贝折射仪等的使用方法；
3. 测定常压下环己烷—乙醇双液系统的气液平衡数据，绘制沸点—组成相图，确定其恒沸点及恒沸混合物的组成。

二、实验原理

两种液体混合形成的两组分系统称为双液系统。根据两组分间溶解度的不同，可分为完全互溶、部分互溶和完全不互溶三种情况。两种挥发性液体混合形成完全互溶系统时，如果该两组分的蒸气压不同，则混合物的组成与平衡时气相的组成不同。当压力保持恒定，混合物沸点与两组分的相对含量有关，用图形表示即为沸点—组成相图（T-x 相图）

恒定压力下，根据系统对拉乌尔定律的偏差情况，真实的完全互溶双液系统的沸点—组成相图可分为 3 类（图 3-3-1）：

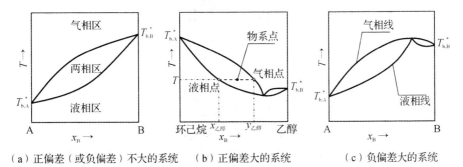

（a）正偏差（或负偏差）不大的系统　　　（b）正偏差大的系统　　　（c）负偏差大的系统

图 3-3-1　完全互溶双液系统的沸点—组成相图

其中图 3-3-1（a）混合物的沸点介于两种纯组分之间，如甲苯—苯系统；图 3-3-1（b）混合物存在最低恒沸点，如正丙醇—水、环己烷—乙醇系统；图 3-3-1（c）混合物存在最高恒沸点，如盐酸—水系统。后两类具有恒沸点的双液系统，在最低（或最高）恒沸点时的气、液两相组成相同，无法像第一类双液系统那样通过反复蒸馏的方法使两组分分离,只能采取精馏等方法分离出一种纯组分和恒沸混合物。

要测定双液系统的 T-x 相图,需在气—液平衡后,同时测定双液系统的沸点、气液两相的平衡组成。将一定组成的环己烷—乙醇混合物在沸点仪(图 3-3-2)中进行蒸馏,当温度保持不变,即表示气、液两相达平衡,记下温度值即为沸点。通过阿贝折射仪分别测定此时的气相冷凝液和液相的折射率求得两相的组成,然后绘制 T-x 相图。

折射率所需样品量少,准确、快速,适合本实验测试。折射率是物质的一个特征数值,环己烷和乙醇的折射率相差较大,二者混合物的折射率与其组成有关,所以在恒温下测定一系列已知浓度的环己烷—乙醇混合物的折射率,可作出该温度的环己烷—乙醇混合物的折射率—组成标准曲线。测定某环己烷—乙醇未知混合液的折射率,可从标准曲线查得或从标准曲线方程计算该未知混合物的组成。

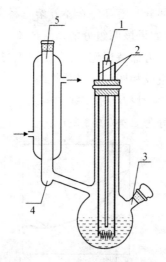

图 3-3-2　沸点仪结构示意图

1. 感温探头,接精密数字温度温差仪　2. 电加热丝,接恒流电源
3. 液相组分取样口　4. 气相冷凝液收集小室　5. 气相冷凝液取样口

三、仪器药品

超级恒温槽 1 台,沸点仪 1 套,精密数字温度温差仪 1 台,阿贝折射仪 1 台,1 mL 吸量管 1 根,5 mL 吸量管 1 根,20 mL 移液管 2 根,长、短取样滴管

各 20 支,电吹风。

环己烷(AR),无水乙醇(AR),环己烷—乙醇标准溶液(乙醇的摩尔分数分别为 0.10、0.20、0.40、0.55、0.70、0.80),丙酮。

四、实验步骤

1. 绘制环己烷—乙醇混合物的折射率—组成标准曲线

将阿贝折射仪与超级恒温槽连接,调节恒温槽温度,使折射仪的温度计读数稳定在 25 ℃,测量一系列环己烷—乙醇标准溶液的折射率。

2. 环己烷中连续加入乙醇,测定系列混合液的沸点、折射率

(1)于干燥洁净的沸点仪的蒸馏瓶中加入 20.00 mL 环己烷,接通冷凝水,电加热丝通电将液体混合物缓慢加热至微沸状态,维持温度稳定 2～3 min 使系统达到平衡。记下沸点,停止加热。

(2)从液相组分取样口(图 3-3-2 中 3 所示)加入 0.20 mL 乙醇,塞紧,加热至微沸,维持系统平衡 2～3 min,记下沸点,停止加热。用长取样滴管伸入气相冷凝液收集小室(图 3-3-2 中 4 所示)吸取少量气相冷凝液,迅速测定其折射率。短取样滴管从液相组分取样口吸取少许溶液,迅速测定其折射率。

(3)继续按表 3-3-2(a)中的体积加乙醇,重复步骤(2),分别测定环己烷—乙醇系列混合液的沸点、折射率。

3. 乙醇中连续加入环己烷,测定系列混合液的沸点、折射率

将蒸馏瓶清空、洗净后吹干,移入 20.00 mL 乙醇。按步骤 2(1)测定乙醇的沸点,再按表 3-3-2(b)中的体积依次加环己烷,按步骤 2(2),分别测定环己烷—乙醇系列混合液的沸点、折射率。

五、数据处理

1. 由表 3-3-1 数据绘制环己烷—乙醇混合物的折射率—组成标准曲线。

表 3-3-1 环己烷—乙醇标准溶液的折射率

大气压_____ kPa,室温_____ ℃,阿贝折射仪恒温温度_____ ℃

乙醇的摩尔分数	0.00	0.10	0.20	0.40	0.55	0.70	0.80	1.00
折射率								

2. 从标准曲线找出每次蒸馏所得的气相冷凝液、液相的组成,将所测的

沸点作压力校正,绘制环己烷—乙醇的 $T\text{-}x$ 相图,并找出其最低恒沸点、恒沸混合物组成。

物质的沸点可近似用压力校正公式计算:

$$T_b = T_{0b} + \frac{T_{0b}}{10} \cdot \frac{p-101.325}{101.325}$$

式中,p——实验时大气压力,kPa;

$\quad\quad T_b$——实验压力时纯物质的沸点,K;

$\quad\quad T_{0b}$——101.325 kPa 时纯物质的沸点,K。

表 3-3-2　环己烷—乙醇系列混合物的沸点、折射率

环己烷—乙醇混合液的体积组成		沸点 /℃	校正后沸点/℃	液相		气相冷凝液	
环己烷体积 /mL	每次加乙醇体积/mL			折射率	$x_{乙醇}$	折射率	$y_{乙醇}$
20.00	—						
—	0.20						
—	0.50						
—	1.00						
—	1.00						
—	2.00						
每次加环己烷体积/mL	乙醇体积 /mL						
—	20.00						
1.00	—						
1.00	—						
2.00	—						
3.00	—						
5.00	—						
5.00	—						

(表中 a 标注第一部分,b 标注第二部分)

六、实验指导

1. 预习要求

(1)熟悉完全互溶双液系统沸点—组成相图绘制的基本原理。

(2)复习蒸馏操作,了解沸点仪的构造、气—液两相平衡的判断方法。

(3)预习热效应测量方法,掌握温度测量、校正的原理和方法。

(4)预习折射率测定的基本原理及阿贝折射仪的结构、使用、注意事项。

2. **注意事项**

(1)电加热丝不能露出液面,否则通电加热会引起有机物燃烧或烧断电加热丝。恒流加热功率不宜太大,保持液相中气泡连续均匀生成的微沸状态,气相在高出冷凝管进水口 1～2 cm 为宜。

(2)液态混合物的沸点和实验时大气压力直接相关,注意实验室大气压力的数值及其变化,变化较大时需作校正,将沸点数值校正到同一气压下再绘图。

(3)冷凝液绝大部分流回蒸馏瓶,只有少量留在冷凝管下端的气相冷凝液收集小室。由于过热现象和分馏效应,最初的冷凝液不能代表气相组成,需将其倾回蒸馏瓶 2～3 次,待温度恒定 2～3 min 系统达气—液两相平衡后,方可停止加热。

(4)取样管一定要洗净、干燥,不能留有上次的残留液。长取样滴管从冷凝液取样口进入冷凝管,在气相冷凝液收集小室吸取气相冷凝液时,动作要轻缓,避免滴管掉落打破沸点仪。取出的气相冷凝液折射率测定的余液需放回冷凝液收集小室。

(5)阿贝折射仪在每次测定前,需先用丙酮数滴将折射仪的棱镜镜面洗净,擦镜纸擦拭干燥。使用中注意保护折射仪棱镜表面,不能触及滴管等硬物。折射率测定要迅速,以防止液体蒸发发生组成变化,快速准确测定折射率是本实验的关键之一。

3. **思考题**

(1)本实验中,气、液两相为何会达平衡? 如何判断气—液两相已达到平衡状态?

(2)测定环己烷、乙醇纯组分沸点时,沸点仪必须洁净干燥,测前需用纯样品润洗 2～3 次。而在测量混合物的沸点—组成相图时,却没有必要每次都将沾附在瓶壁的液体洗净、烘干,测试完毕还可将混合溶液回收留待下一组测量使用。为什么?

(3)沸点仪的气相冷凝液收集小室体积过大或过小,对测量有何影响?

(4)在 101.325 kPa,环己烷沸点为 80.7 ℃,乙醇沸点为 78.3 ℃,环己

烷—乙醇最低恒沸点为 64.9 ℃（$x_{乙醇} = 0.555$）。已知二者汽化焓分别为 32.765 kJ·mol^{-1}、40.476 kJ·mol^{-1}，请用克劳修斯—克拉贝龙方程求算实验压力下各物质的沸点。

（李春艳）

实验四 三组分系统相图

一、实验目的

1. 熟悉相律及三角坐标图表示三组分系统相图的原理及方法；
2. 掌握测定具有一对共轭溶液的三组分系统相图的原理及方法；
3. 用溶解度法绘制乙酸正丁酯—乙醇—水三组分系统的相图。

二、实验原理

多相平衡系统遵守相律：

$$f = K - \Phi + 2 \tag{3.4.1}$$

式中，f—自由度；

K—独立组分数；

Φ—相数；

对于三组分系统，$K=3$，自由度 $f=5-\Phi$。若 $\Phi=1$，并且固定压力 p 和温度 T，系统最大自由度 $f^*=2$，此时三组分系统相图中的变量仅是各相的组成，通常用等边三角坐标图表示（图 3-4-1），图中三角形的三个顶点分别表示纯组分 A、B、C，三条边代表二组分系统 A-B、B-C、A-C，其刻度为相应组分的质量分数 w_A、w_B 和 w_C。三角形内的点代表三组分系统，过该点作各边的平行线，在各边上的截距代表对应顶点组分的含量。如图 3-4-1 中物系点 D，分别由 $w_A=0.2$、$w_B=0.5$、$w_C=0.3$ 三个组分组成。

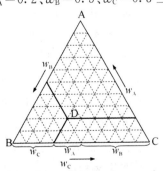

（a）三角坐标组成表示法

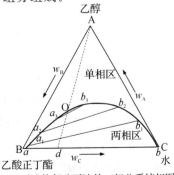

（b）一对液体部分互溶的三组分系统相图

图 3-4-1 三组分系统相图

1. 一对液体部分互溶的三组分系统相图

绘制相图的实验方法有热分析法、淬冷法、平衡蒸馏法、溶解度法等。溶解度法是根据物质的溶解度来绘制相图的方法,这些相图实际是某些组分在某些相中的溶解度曲线。溶解度法要求各组分挥发度尽量小、各组分间溶解度受温度影响尽量小。对于一对液体部分互溶的三组分系统,如乙酸正丁酯—乙醇—水三组分系统(图 3-4-2),乙酸正丁酯与水只能部分互溶,而乙酸正丁酯与乙醇、水与乙醇可完全互溶。三角坐标图的底边代表乙酸正丁酯—水二组分系统,当乙酸正丁酯中含少量水(Ba 段)或水中含少量乙酸正丁酯(bC 段)时为单相溶液。组成在 ab 段的乙酸正丁酯—水二组分系统是两相混合物,当乙酸正丁酯和水相互饱和后系统分为两层,上层是水在乙酸正丁酯中的饱和澄清溶液(a 点),下层是乙酸正丁酯在水中的饱和澄清溶液(b 点),该二组分系统称为共轭溶液。

逐渐向物系点为 d 的共轭溶液中加入乙醇形成三组分系统,物系点将从 d 点沿虚线向 A 点移动,共轭溶液上、下层液体的组成也逐渐发生变化。每加入一定量的乙醇,测定一次两层液体的组成,相点依次为 a_1 和 b_1、a_2 和 b_2、a_3 和 b_3。两层液体的组成逐渐接近,最终合并为单相点(O 点,称为等温会熔点)。依次连接相点 a、a_1、a_2、a_3、O、b_3、b_2、b_1、b,得到一条平滑的帽形的双结点溶解度曲线(又称为双结线),即为该三组分系统相图。双结线以外(包括双结线)为单相区,双结线内为两相共存区。各对共轭溶液的对应相点的连线称为连接线(a_1b_1、a_2b_2、a_3b_3),通常连接线与三角形的底边并不平行,需根据实验结果绘制。

2. 三组分系统中双结线和连接线的绘制

配制不同组成的乙酸正丁酯—乙醇澄清溶液,往其中缓慢滴加水,当溶液从单相互溶区进入两相不溶区,在相界面发生光的折射,溶液表现为外观混浊的液相。如图 3-4-2 中从物系点 E 出发,随着水的加入,物系点必逐渐沿虚线向 C 点移动,过 D 点即进入两相区溶液转为混浊。依次找到类似的其他点,用平滑的曲线连接起来,即得三组分系统的双结线(图 3-4-2 中 IFG 曲线)。

图 3-4-2 中位于两相区的物系点 H 可分成两个共轭相点 I 与 G。往质量为 m_G 的共轭溶液 G 中滴加组成为 E 的乙酸正丁酯—乙醇混合溶液,随 E 溶液的加入,物系点必将沿 GE 方向移动,过 F 点即从两相区进入单相区,溶液由混浊转为澄清。若滴加的溶液 E 质量为 m_E,由杠杆规则知:

$$\frac{m_E}{m_G} = \frac{\overline{FG}}{\overline{EF}} \tag{3.4.2}$$

过 E 点作双结线的割线,使线段 FG 与 EF 符合(3.4.2)式比值,可确定出 G 点的位置。连接 GH 并延长交双结线于 I 点,即得连接线 GI。

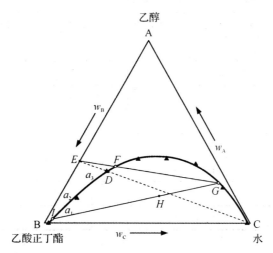

图 3-4-2 乙酸正丁酯—乙醇—水三组分系统相图

三、仪器药品

10 mL 酸式滴定管 2 根,10 mL 吸量管 1 根,50 mL 具塞锥形瓶 11 只,50 mL 分液漏斗 1 只,滴管 3 根,电子天平 1 台,电吹风 1 个,洗耳球 1 个。

乙酸正丁酯(AR),无水乙醇(AR)。

四、实验步骤

1. 双结线的测定

取 8 只干燥的具塞锥形瓶,分别按表 3-4-1 中试剂体积配制 1~8 号溶液。往 1、2 号溶液中滴加乙酸正丁酯至清液变浊,往 3~8 号溶液中滴加水至清液变浊,记录相应体积。

2. 连接线的测定

按表 3-4-2 配好 H 液置于干燥的 50 mL 分液漏斗中,充分摇动后静置分层,取下层水约 1 mL 于干燥的 50 mL 具塞锥形瓶(已称重)中并称重,可得 m_G。逐滴加入预先配好的 E 液(见表 3-4-2),边滴边摇,滴至由浊变清后称重,可得 m_E。

表 3-4-1　双结线的测定

大气压_____kPa,室温_____℃

编号	体积 V/mL			质量 m/g			质量分数 w		
	乙酸正丁酯	水	乙醇	乙酸正丁酯	水	乙醇	乙酸正丁酯	水	乙醇
1		5.00	0.00						
2		10.00	3.20						
3	0.90		2.80						
4	1.70		2.50						
5	2.50		2.10						
6	2.80		1.60						
7	4.00		1.00						
8	5.00		0.00						

表 3-4-2　连接线的测定

	溶液	体积 V/mL	质量 m/g	质量分数 w	锥形瓶质量
H 液	乙酸正丁酯	2.70			$m=$
	水	4.00			$m_G=$
	乙醇	1.80			$m_E=$
E 液	乙酸正丁酯	8.50			$\dfrac{m_E}{m_G}=$
	乙醇	5.00			

五、数据处理

1. 由乙酸正丁酯、乙醇密度公式求得实验温度时的密度,查阅水的密度表,将各组分体积换算成质量,计算其质量分数,在三角坐标图中绘制乙酸正丁酯—乙醇—水系统的双结线。

2. 在乙酸正丁酯—乙醇—水三组分的三角坐标图中标出 E 点,过 E 点作双结线的割线 EG,使其符合(3.4.2)式比值。连接 GH 并延长交双结线于 I 点,GI 为经物系点 H 的连接线。

六、实验指导

1. 预习要求

(1)预习等边三角坐标图表示法。

(2)熟悉三角坐标图中物系点的描绘。

(3)预习溶解度法绘制三组分系统双结线和连接线的原理和方法。

2. 注意事项

(1)所用的仪器需要干燥,避免带入额外的水。

(2)放乙酸正丁酯、乙醇,要迅速准确。水则需逐滴加入,并不断振摇,待出现混浊且2～3 min内没有消失,即为终点。溶液是否混浊需略静置观察,此时锥形瓶内壁不能挂液珠。在最后几个含水较多的点,由于油珠量少,散射光弱,清浊变化不明显,所以需滴至明显混浊,才算终点停止滴加水。如果终点判断有误或超过终点,可滴几滴乙醇至刚好由混浊转澄清,记下各组分的实际用量。

(3)三组分系统只有在恒温、恒压下最大自由度才是2。所以在实验中要尽可能保持实验室温度、压力的恒定,密切关注温度、压力的变化。

(4)乙酸正丁酯、乙醇、水的密度需作温度校正,乙酸正丁酯、乙醇的密度公式:

$$\rho_{乙醇}(g/mL)=0.80625-8.461\times10^{-4}t+1.6\times10^{-7}t^2$$

$$\rho_{乙酸正丁酯}(g/mL)=0.90106-1.02\times10^{-3}t+1.5992\times10^{-6}t^2-1.64352\times10^{-8}t^3$$

3. 思考题

(1)当系统组成点分别在双结线内、外时,相数有什么变化?

(2)连接线交于双结线上的两点代表什么,实验上如何获得该点的物系组成,有什么现象?

(3)实验中使用的具塞锥形瓶、分液漏斗等玻璃仪器为什么要先干燥?

(4)如果实验中有一次清浊转变没有判断准确,是否需要重新实验?

(李春艳)

实验五　液体饱和蒸气压的测定

一、实验目的

1. 熟悉动态法测定液体饱和蒸气压的原理和方法；
2. 掌握真空系统的使用及压力的测量；
3. 测定不同温度时水的蒸气压，计算实验温度范围内水的摩尔蒸发焓。

二、实验原理

在一定的温度下，纯液体处于密闭真空容器中，液体分子由于热运动挣脱液相束缚向气相蒸发，气体分子由于碰撞结合冷凝为液相，当液体分子从表面逃逸和蒸气分子凝结的速率相等，气液两相中蒸发与凝聚达动态平衡，气相压力保持恒定，该压力就是液体在此温度下的饱和蒸气压（简称蒸气压），该温度就是该压力下液体的沸点。液体的蒸气压随温度而变化，温度升高，分子的平均动能和碰撞频率都增加，液体蒸发速率加快，蒸气压升高；反之，温度降低时蒸气压下降。当蒸气压为 101.325 kPa 时，液体的沸点称为该液体的正常沸点。液体的饱和蒸气压与沸点间的关系可用克劳修斯—克拉贝龙方程表示：

$$\frac{\mathrm{d}\ln p}{\mathrm{d}T}=\frac{\Delta_{\mathrm{vap}}H_{\mathrm{m}}}{RT^2} \tag{3.5.1}$$

式中，p—气液两相平衡压力，即平衡温度时液体的饱和蒸气压，Pa；

T—气液两相平衡温度，即平衡压力时液体的沸点，K；

$\Delta_{\mathrm{vap}}H_{\mathrm{m}}$—摩尔蒸发焓，恒压条件下蒸发 1 mol 液体所吸收的热量，J·mol^{-1}；

R—气体常数，8.314 J·mol^{-1}·K^{-1}。

若温度变化范围较小，$\Delta_{\mathrm{vap}}H_{\mathrm{m}}$可看作常数（平均摩尔蒸发焓），对（3.5.1）式积分：

$$\ln\frac{p}{p^{\ominus}}=-\frac{\Delta_{\mathrm{vap}}H_{\mathrm{m}}}{R}\cdot\frac{1}{T}+C \tag{3.5.2}$$

式中，C—积分常数。

显然 $\ln(p/p^{\ominus})$-$1/T$ 图是一条直线，可从直线斜率求得实验温度范围内液体的平均摩尔蒸发焓 $\Delta_{vap}H_m$。

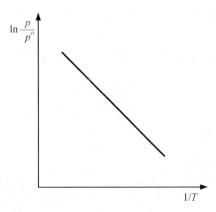

图 3-5-1 纯液体的 $\ln p - 1/T$ 图

测定液体饱和蒸气压的方法主要有以下三种:

1. 静态法

某温度下将待测液体放在一个密闭系统中,直接测量其蒸气压。它要求系统内无杂质气体。静态法以等位计(即平衡管)的两臂液面等高来观察平衡,较灵敏,所以准确性较高,即便蒸气压只有 1333 Pa 左右也可测定。但对于较高温度下的蒸气压测定,由于温度难以控制而准确度较差。

2. 饱和气流法

在一定温度和压力下,让一定体积干燥的惰性气体缓慢通过待测液体,使气体被该液体的蒸气所饱和,然后用某种物质完全吸收该气流中液体蒸气,称量物质的质量增加值,从液体的蒸气的质量和体积便可计算蒸气的分压,即是该液体在此温度下的饱和蒸气压。此法一般适用于蒸气压较小的液体或易挥发固体(如 I_2)。但要获得真正的饱和状态并不容易,实验值往往偏低,所以通常只用来求溶液蒸气压的相对降低值。

3. 动态法

利用液体蒸气压与外压相等时液体沸腾的原理,在密闭系统中,外压恒定时让气液两相达平衡状态,系统温度也一定保持恒定(即沸点不变),实验时即通过观察系统温度是否恒定来判断气液两相是否达到平衡,从而求得不同温度(即沸点)时的饱和蒸气压(气液两相平衡时的外压测定值)。此法装置简单(图 3-5-2),只需将沸点仪与压力计、真空系统连接起来即可,对温度控制的要求不太高。实验时,先将密闭系统抽气至一定的真空度,测定此压力下液体的沸点,然后逐次往系统放进空气,测定不同压力时液体的沸点。

本实验利用动态法,测定不同温度时水的饱和蒸气压,作 $\ln(p/p^{\ominus})$-$1/T$ 直线,计算实验温度范围内水的平均摩尔蒸发焓及水的正常沸点。

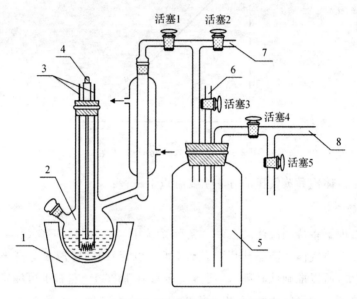

图 3-5-2 动态法测定水的饱和蒸气压实验装置示意图

1. 保温夹套　2. 沸点仪　3. 电加热丝,接恒流电源　4. 感温探头,接精密数字温度温差仪　5. 缓冲瓶　6. 放空活塞　7. 接精密数字(真空)压力计　8. 接真空系统

三、仪器药品

动态法测定蒸气压实验装置 1 套,精密数字温度温差仪 1 台,旋片式真空泵 1 台,精密数字(真空)压力计 1 台,真空脂 1 支。

纯水。

四、实验步骤

1. 装置仪器

按图 3-5-2 架设好实验装置。在洁净的沸点仪中加入 1/3 体积的纯水,并放入 2~3 粒沸石。

2. 系统检漏

关闭活塞 3、5,打开活塞 1、2、4,使系统与真空泵相通,开泵抽气,注意观察压力计读数。当压力计显示－75 kPa 左右,关闭活塞 4 使系统与真空泵隔绝,打开活塞 5 使真空泵与大气相通,停止抽气。观察压力计读数,如无显著变化,则表示仪器不漏气。如果压力计读数升高则表示有空气进入系统,需检查漏气原因,处理后再重新检查。

3. 蒸气压测定

(1)在活塞 1、2 打开、活塞 3、4 关闭时,确保仪器不漏气,维持系统压力在－75 kPa 左右,打开冷却水,通电,调节加热功率,开始加热。瓶内纯水缓缓沸腾,调整加热功率使水保持微沸,待水沸腾平稳,温度计温度恒定,表示气、液两相已达平衡,记录温度和压力。

(2)缓缓打开活塞 3 放入适量空气,使系统压力增加 4 kPa 左右,再次测定气、液两相平衡时的温度和压力。

(3)重复上述(2)步骤,直至活塞 3 完全打开,记录在实验室的大气压力下水的沸点。

4. 整理

无需抽气时,先关闭活塞 4,再打开活塞 5,然后再停止真空泵。测量结束,停止加热,关闭冷却水;洗净、烘干沸点仪备用;关闭活塞 1、2、3、4,使缓冲瓶与大气隔开。

五、数据处理

1. 根据表 3-5-1 数据,以饱和蒸气压 p 为纵轴、沸点 T 为横轴作水的蒸气压曲线,用内插法求算水的正常沸点 T_b。

2. 绘制 $\ln(p/p^{\ominus})$-$1/T$ 直线,计算水的平均摩尔蒸发焓 $\Delta_{vap}H_m$,和文献值比较,计算并分析实验的相对误差。

表 3-5-1　动态法测定水的饱和蒸气压数据记录

室温_____℃,实验开始时大气压_____kPa,实验结束时大气压_____kPa

沸点/℃						...
压力计读数/kPa						

六、实验指导

1. 预习要求

(1)复习气液平衡的概念及液体饱和蒸气压的意义。

(2)预习动态法测定液体饱和蒸气压的原理、装置,熟悉真空系统抽气、放气的控制。

(3)熟悉真空泵的原理、构造、使用方法及注意事项。

(4)熟悉压力测量原理和压力计的使用。

2. 注意事项

(1)为保证实验的测量精度,应选用新鲜纯水,不可多次重复使用。

(2)玻璃仪器标准接口及真空活塞要涂真空脂,注意不要沾污系统。开、关真空活塞必须双手操作,一手握住活塞套,一手缓慢旋转活塞。实验系统要仔细检漏,确保良好的气密性。

(3)为防止暴沸,实验时可加入 2～3 粒沸石。初始真空度不宜太高,避免在常温下即发生剧烈沸腾。

(4)开、关真空泵前,均应先关闭测量系统并将其接通大气。开启前接通大气,可减少电机起动负荷,有利于安全启动;关闭前接通大气,可避免泵油倒吸污染测量系统,并避免因压力骤变损坏压力计。

3. 思考题

(1)正常沸点与沸腾温度有何区别?

(2)如何判断气液两相平衡,若温度和压力一直不平衡是什么原因造成的?

(3)系统轻微漏气对 $\Delta_{vap} H_m$ 的测定结果有什么影响?

(4)能否用本法测定溶液的饱和蒸气压?

(蒋智清)

实验六 电导滴定

一、实验目的

1. 掌握电导滴定法测定溶液浓度的原理和方法；
2. 熟悉电导率仪的使用。

二、实验原理

在定量分析中，标准溶液与待测物质发生化学反应，溶液中离子浓度发生变化，或者被滴定溶液中原有的离子被另一种迁移速率不同的离子所替代，从而引起溶液的电导和电导率变化。利用滴定过程中待测溶液电导 G 或电导率 κ 的变化及其转折来指示滴定终点的方法称为电导滴定。电导滴定可用于酸碱反应、沉淀反应、配位反应及氧化还原反应，尤其是有 H^+ 或 OH^- 参与的反应。当溶液浓度很稀、溶液混浊或溶液有颜色干扰而不易使用指示剂时，电导滴定更为有效。滴定过程中测量电导 G 或电导率 κ 随滴定溶液体积的变化，以电导 G 或电导率 κ 对滴定溶液的体积 V 作图，可得电导滴定曲线（图3-6-1），曲线的最低点或转折点即为滴定终点。

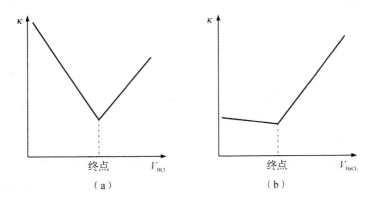

图 3-6-1 电导滴定曲线

图 3-6-1(a)为 HCl 标准溶液滴定 NaOH 溶液的 κ-V 曲线，其反应式为：
$$H^+ + Cl^- + Na^+ + OH^- \rightarrow Na^+ + Cl^- + H_2O$$

滴定过程中,溶液中的 OH^- 被 Cl^- 替代。由于 OH^- 的电导率远大于 Cl^- 的电导率,所以随着滴定的进行,在终点前,溶液的电导率越来越小;终点后,溶液的电导率随着过量 H^+ 和 Cl^- 逐渐增加而增大。所以在滴定终点前后,溶液电导率发生转折变化,这个转折点相对应 HCl 标准溶液的体积 V_{HCl} 就是完全中和 NaOH 溶液所需 HCl 的量,从而可以计算出被滴定 NaOH 溶液的浓度。

图 3-6-1(b) 为 $BaCl_2$ 标准溶液滴定 Na_2SO_4 溶液的电导滴定曲线。

一定温度时,稀溶液中离子电导率 κ 与其浓度 c 成正比。由于稀释效应,若滴定剂的加入使被滴定溶液体积改变较大,则滴定剂体积 V 与溶液电导率 κ 不呈线性关系。所以常配制滴定剂的浓度高于被滴定溶液 $10\sim20$ 倍,可基本消除稀释效应的影响。如果稀释效应显著,溶液的电导率应按稀释程度加以校正后再作 κ-V 曲线,校正公式为:

$$\kappa = \frac{\kappa_{测}(V_0+V)}{V_0}$$

式中,κ—校正后的溶液电导率,$\mu S \cdot cm^{-1}$;

$\kappa_{测}$—实测的溶液电导率,$\mu S \cdot cm^{-1}$;

V_0—被滴定溶液的体积,mL;

V—滴定剂的体积,mL。

三、仪器药品

DDS-307 型电导率仪 1 台,DJS-1C 铂黑电极 1 支,恒温磁力搅拌器 1 台,25 mL 移液管 2 根,25 mL 酸式滴定管 1 根,500 mL 烧杯 1 个,洗耳球 1 个。

$0.1000\ mol \cdot L^{-1}$ HCl 标准溶液,$0.1\ mol \cdot L^{-1}$ NaOH 溶液,$0.0500\ mol \cdot L^{-1}$ $BaCl_2$ 标准溶液,$0.05\ mol \cdot L^{-1}$ Na_2SO_4 溶液。

四、实验步骤

用移液管准确移取 25.00 mL 待测溶液(NaOH 或 Na_2SO_4 溶液)于 500 mL 烧杯中,加蒸馏水稀释至 250 mL 左右,烧杯中放入搅拌子后置于恒温磁力搅拌器上,插入洗净的电导电极。

在恒温搅拌状态下,用滴定管将标准溶液滴入待测溶液中。开始时每次滴加 2 mL 标准溶液,搅拌均匀后测其电导率。终点前后每次滴加 0.5～1.0 mL 标准溶液,直至溶液电导率有显著改变后,再改为每次滴加 2 mL,滴加几次即可。记录每次滴定标准溶液的体积 V 及相应的溶液电导率 κ。

五、数据处理

实验测得的 κ、V 数据记录于表 3-6-1，作 κ-V 滴定曲线，从滴定终点时标准溶液的用量计算待测溶液浓度。

表 3-6-1　电导滴定中的 κ-V 数据

大气压_____kPa,室温_____℃,恒温温度_____℃

1. HCl 标准溶液_____mol·L^{-1},NaOH 溶液_____mol·L^{-1}_____mL					
V_{HCl}/mL	0	2	…		
$\kappa/(\mu S \cdot cm^{-1})$					
2.BaCl$_2$ 标准溶液_____mol·L^{-1},Na$_2$SO$_4$ 溶液_____mol·L^{-1}_____mL					
V_{BaCl_2}/mL	0	2	…		
$\kappa/(\mu S \cdot cm^{-1})$					

六、实验指导

1. 预习要求

(1)复习酸碱滴定、沉淀滴定知识。

(2)掌握溶液电导率的基本概念。

(3)预习电导率测定的基本原理,及电导率仪的使用方法与注意事项。

2. 注意事项

(1)本实验所有溶液需用低于 5 $\mu S \cdot cm^{-1}$ 的电导水配制。

(2)清洗电极时应将"量程"旋钮置于"检查"位置,清洗时不可触碰电极的镀有铂黑的铂片,电导水清洗后需用被滴定溶液荡洗 2～3 次。

(3)在"量程"旋钮转换测量挡位时,必须对仪器重新校准。校准时,"温度"补偿旋钮必须置于"25"位置,电导电极需浸入待测溶液。

(4)为防止滴定过程中溶液浓度不均匀,每次滴加标准溶液后要充分搅拌再测量溶液电导率。

(5)实验结束后将电导电极清洗干净,浸泡在电导水中备用。

3. 思考题

(1)溶液的浓度对电导率产生什么影响？

(2)电导滴定为什么要在恒温下进行,本实验对恒温度精度有什么要求?

(3)为什么滴定剂浓度要比被滴定溶液的浓度大 10～20 倍?

（张倩）

实验七 　电导法测定弱电解质的解离平衡常数和难溶盐的溶度积

一、实验目的

1. 掌握溶液电导率、摩尔电导率、极限摩尔电导率等基本概念；

2. 掌握电导率仪的使用；

3. 用电导法测定醋酸的解离平衡常数和硫酸铅的溶度积。

二、实验原理

相距 1 m 的两平行电极间放置含 1 mol 电解质的溶液所具有的电导，称为摩尔电导率 Λ_m。溶液的摩尔电导率 Λ_m 和电导率 κ、浓度 c 的关系为：

$$\Lambda_m = \frac{\kappa}{c} \tag{3.7.1}$$

电解质的摩尔电导率随溶液浓度减小而增加，在浓度外推到零（无限稀释）时摩尔电导率 Λ_m 增加到极限值 Λ_m^∞，极限摩尔电导率 Λ_m^∞ 表示了电解质溶液完全电离且离子间无相互作用时的导电能力。强电解质在溶液中可完全电离，所以 $\Lambda_m = \Lambda_m^\infty$。而弱电解质，只有在无限稀释时才完全电离，所以 Λ_m 表示弱电解质溶液部分电离时的导电能力，则其解离度 α 可表示为：

$$\alpha = \frac{\Lambda_m}{\Lambda_m^\infty} \tag{3.7.2}$$

对于 1-1 型的弱电解质（如 HAc），其标准解离平衡常数 $K^\ominus$ 与解离度 α 间存在以下关系：

$$K^\ominus = \frac{\alpha^2}{1-\alpha} \cdot \frac{c}{c^\ominus} \tag{3.7.3}$$

将(3.7.2)式代入(3.7.3)式，得：

$$K^\ominus = \frac{\Lambda_m^2}{\Lambda_m^\infty (\Lambda_m^\infty - \Lambda_m)} \cdot \frac{c}{c^\ominus} \tag{3.7.4}$$

上式可改写为：

$$\frac{1}{\Lambda_m} = \frac{1}{\Lambda_m^\infty} + \frac{1}{K^\ominus (\Lambda_m^\infty)^2} \cdot (\Lambda_m \frac{c}{c^\ominus}) \tag{3.7.5}$$

显然,$\dfrac{1}{\Lambda_m}$ 与 $\Lambda_m \dfrac{c}{c^\ominus}$ 呈线性关系,作图可由直线截距和斜率算出弱电解质的标准解离平衡常数 $K^\ominus$。

难溶强电解质(如 $PbSO_4$)的溶度积也可通过测定其饱和水溶液的电导率算出。由于难溶强电解质在水中的溶解度很小,所以溶液可近似当作无限稀释,而溶解的电解质完全电离,故饱和溶液的摩尔电导率基本上等于极限摩尔电导率,即:

$$\Lambda_m(PbSO_4) = \Lambda_m^\infty(PbSO_4) \tag{3.7.6}$$

代入(3.7.1)式,可计算出 $PbSO_4$ 在水中的溶解度 c 和溶度积 $K_{sp}^\ominus$:

$$c = \frac{\kappa_{PbSO_4}}{\Lambda_m^\infty(PbSO_4)} \times 10^{-3} (mol \cdot L^{-1}) \tag{3.7.7}$$

$$K_{sp}^\ominus = \left(\frac{c}{c^\ominus}\right)^2 \tag{3.7.8}$$

三、仪器药品

恒温水浴 1 套,DDS-307 型电导率仪 1 台,DJS-1C 铂黑电极 1 支,台称 1 台,电热套 1 个,50 mL 容量瓶 4 个,100 mL 容量瓶 1 个,50 mL 烧杯 5 个,250 mL 烧杯 1 个,25 mL 移液管 1 根,洗耳球 1 个。

0.1 mol·L⁻¹ HAc 溶液,0.0100 mol·L⁻¹ KCl 标准溶液,$PbSO_4$,电导水。

四、实验步骤

1. 电导电极常数的标定

调节恒温水浴,温度保持在(25±0.1)℃。将 KCl 标准溶液恒温 10 min,用电导率仪测其电导率,缓慢调整电极常数,使电导率仪显示数值与其理论值一致。

2. 测定电导水的电导率

电导水在恒温水浴中恒温 10 min 后,用电导率仪测其电导率,重复测定 3 次取平均值。

3. 测定醋酸溶液的电导率

用逐步稀释法配制 $c_0/4$、$c_0/8$、$c_0/16$、$c_0/32$、$c_0/64$ 的醋酸溶液 5 份。在恒

温水浴中恒温 10 min 后,由稀到浓依次测定 HAc 溶液电导率,每个浓度重复测定 3 次取平均值。

4. 测定 $PbSO_4$ 饱和溶液的电导率

将 1 g $PbSO_4$ 固体加入 100 mL 电导水中,加热并保持沸腾使之充分溶解,静置,冷却至室温,取上清液恒温 10 min 后测其电导率,重复测定 3 次取平均值。

下层 $PbSO_4$ 固体可再加入 100 mL 电导水,重复以上操作,直至电导率数据一致为止。

五、数据处理

1. 电导水的电导率 κ_{H_2O} 结果记录在表 3-7-1。

表 3-7-1　电导水的电导率

大气压_____kPa,室温_____℃,恒温水浴温度_____℃(温差_____℃)

	1	2	3	平均值
电导水 $\kappa/(\mu S \cdot cm^{-1})$				

2. $\dfrac{1}{\Lambda_m}$ 对 $\Lambda_m \dfrac{c}{c^{\ominus}}$ 作图得一条直线,由直线的截距和斜率可计算出 HAc 的标准解离平衡常数 $K^{\ominus}$。

表 3-7-2　电导法测定醋酸解离平衡常数数据处理表

HAc 溶液/ $(mol \cdot L^{-1})$	电导率 $\kappa/(S \cdot m^{-1})$		摩尔电导率 $\Lambda_m/$ $(S \cdot m^2 \cdot mol^{-1})$	$\dfrac{1}{\Lambda_m}$	$\Lambda_m \dfrac{c}{c^{\ominus}}$
	$\kappa_{溶液}$	κ_{HAc}			
$c_0/64$					
$c_0/32$					
$c_0/16$					
$c_0/8$					
$c_0/4$					
c_0					

3. 查得 $\lambda_m^{\infty}(\frac{1}{2}Pb^{2+})$ 和 $\lambda_m^{\infty}(\frac{1}{2}SO_4^{2-})$ 数据计算 $\Lambda_m^{\infty}(PbSO_4)$,然后利用

(3.7.7)式和(3.7.8)式计算 $PbSO_4$ 在水中的溶解度 c 和溶度积 $K_{sp}^{\ominus}$。

表 3-7-3 电导法测定硫酸铅溶度积数据处理表

测定次数		1	2	3	...
$PbSO_4$ 饱和溶液 电导率/$(S \cdot m^{-1})$	$\kappa_{溶液}$				
	κ_{PbSO_4}				

六、实验指导

1. 预习要求

(1)复习溶液的电导率、摩尔电导率、极限摩尔电导率等基本概念和离子独立运动定律。

(2)预习电导率测定的基本原理,及电导率仪的使用方法与注意事项。

2. 注意事项

(1)本实验需用低于 $5\ \mu S \cdot cm^{-1}$ 的电导水。测量低电导率溶液时,应自测量值 $\kappa_{溶液}$ 中扣除水的电导率 κ_{H_2O}。

(2)电导率测量应由稀到浓,每次测定前要清洗干净电极,并用待测溶液荡洗 $2 \sim 3$ 次。

(3)电极使用要小心,注意保护电极的铂黑镀层。

(4)电极常数标定所用的 KCl 标准溶液可以购置,也可以自行配制。

3. 思考题

(1)为什么要标定电极常数?

(2)本实验为何使用铂黑电极,应注意什么?

(3)本实验对水有什么要求,实验时如何处理? 数据处理时如何减小水中杂质对测定的影响? 请估算本实验用水的电导率对 $c_0/8$ HAc 溶液摩尔电导率的测量误差。

(张倩)

实验八 电动势法测定化学反应的热力学函数

一、实验目的

1. 熟悉对消法测定电池电动势的原理及数字电位差综合测试仪的构造、原理和使用注意事项；

2. 掌握用电动势法测定化学反应热力学函数的原理和方法；

3. 测定不同温度下甘汞电极与 Ag-AgCl 电极组成的电池的化学反应热力学函数。

二、实验原理

氧化还原反应的各种热力学函数如 ΔG、ΔS、ΔH，可以用电动势法测定。例如选择下列反应：

$$Hg_2Cl_2(s)+2Ag(s)\Longleftrightarrow 2Hg(l)+2AgCl(s)$$

可设计成电池 $(-)Ag(s)|AgCl(s)|KCl(a)|Hg(l),Hg_2Cl_2(s)|Pt(+)$，电池组成如图 3-8-1 所示：

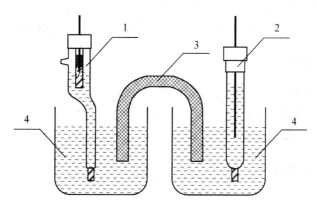

图 3-8-1 电池组成图

1. 饱和甘汞电极 2. Ag-AgCl 电极 3. 盐桥 4. 饱和 KCl 溶液

电池的两个电极电势为：

$$\varphi_{Cl^-/Hg_2Cl_2,Hg}=\varphi^{\ominus}_{Cl^-/Hg_2Cl_2,Hg}-\frac{RT}{F}\ln a_{Cl^-}$$

$$\varphi_{Cl^-/AgCl,Ag} = \varphi^{\ominus}_{Cl^-/AgCl,Ag} - \frac{RT}{F}\ln a_{Cl^-}$$

如果两个电极 Cl^- 浓度一致,则电池电动势为:

$$E = \varphi_{Cl^-/Hg_2Cl_2,Hg} - \varphi_{Cl^-/AgCl,Ag} \qquad (3.8.1)$$
$$= \varphi^{\ominus}_{Cl^-/Hg_2Cl_2,Hg} - \varphi^{\ominus}_{Cl^-/AgCl,Ag}$$

根据化学反应等温式可知上述电池反应有:

$$\Delta_r G_m = \Delta_r G^{\ominus}_m \qquad (3.8.2)$$

而电池反应前后吉布斯自由能的改变为:

$$\Delta_r G_m = -zFE \qquad (3.8.3)$$

式中,z—电池反应中电子的计量数。

根据吉布斯—亥姆霍兹方程,标准状态时:

$$\Delta_r G^{\ominus}_m = \Delta_r H^{\ominus}_m - T\Delta_r S^{\ominus}_m \qquad (3.8.4)$$

所以

$$\Delta_r S^{\ominus}_m = -\left(\frac{\partial(\Delta_r G^{\ominus}_m)}{\partial T}\right)_p = zF\left(\frac{\partial E}{\partial T}\right)_p \qquad (3.8.5)$$

式中,$(\partial E/\partial T)_p$—电池电动势的温度系数。

所以

$$\Delta_r H^{\ominus}_m = -zFE + zFT\left(\frac{\partial E}{\partial T}\right)_p \qquad (3.8.6)$$

综上所述,测定 298 K 时该电池反应的电池电动势 E,即可求得 $\Delta_r G^{\ominus}_m$。测定不同温度时的电池电动势,从 E-T 曲线可求得任意温度的 $(\partial E/\partial T)_p$,根据(3.8.5)、(3.8.6)式可求出 298 K 时该反应的热力学函数 $\Delta_r S^{\ominus}_m$、$\Delta_r H^{\ominus}_m$。

三、仪器药品

超级恒温槽 1 套,SDC-Ⅱ数字电位差综合测试仪 1 台,饱和甘汞电极 1 根,Ag-AgCl 电极 1 根,50 mL 烧杯 2 个,100 mL 烧杯 1 个,U 形管 1 根。KCl(AR),电导水。

四、实验步骤

1. 盐桥制备

在烧杯中加入 50 mL 蒸馏水和 1.5 g 琼脂,小火加热至琼脂完全溶解,再完全溶入 15 g KCl,趁热装入 U 形管,待琼脂凝固即可使用。

2. 电池电动势测定

按图 3-8-1 组成电池,固定在超级恒温槽中,分别测定 20 ℃、25 ℃、

30 ℃、35 ℃、40 ℃时电池电动势。测定时每 5 min 读数一次,相邻两次读数小于 0.02 mV 可认为达平衡,取这两个数据的平均值作为该温度时的电池电动势。

五、数据处理

1. 计算 25 ℃时电池反应的 $\Delta_r G_m^\ominus$。

2. 绘制 $E\text{-}T$ 关系曲线,由斜率求得温度系数 $(\partial E/\partial T)_p$,或代入方程 $E=a+bT+cT^2$,求出 a、b、c 后,由 E 对 T 求导得 $(\partial E/\partial T)_p$。计算 25 ℃时电池反应的 $\Delta_r S_m^\ominus$、$\Delta_r H_m^\ominus$。

六、实验指导

1. 预习要求

(1)预习电动势法测定化学反应热力学函数的原理和方法。

(2)预习电池电动势测量的原理、方法,电位差综合测试仪的使用方法与注意事项。

2. 注意事项

(1)本实验用水需用电导率低于 5 $\mu S \cdot cm^{-1}$ 的电导水。

(2)实验温度波动在 ±0.02 ℃ 范围内。

(3)本实验成功与否不在于电动势的测量,而在于电池的设计与制造,实际上就是电极的制备。使用前应检查 Ag-AgCl 电极是否完好。AgCl 见光分解为 Ag,则 Ag-AgCl 电极向 Ag 电极过渡,电极电势上升。如果现场制备 Ag-AgCl 电极,在相同的电流密度下,镀 Ag 时间与镀 AgCl 时间最好控制为 3∶1。甘汞电极中 Hg_2Cl_2 长期光照发生歧化反应,但电极电势下降幅度很小。在使用饱和甘汞电极时,电极内应充满饱和 KCl 溶液(溶液内有 KCl 固体存在),并拔去电极边的橡皮盖以维持正常压差。

(4)盐桥中间或两端不能有气泡,以免造成高阻或短路。

(5)电动势测量属于平衡测量,测量时尽可能做到可逆条件。为保证测得的是平衡电势,应测到相邻两次读数小于 0.02 mV,再取平均值。

(6)KCl 溶解度随温度升高变化大,实验中随时注意甘汞电极、烧杯中 KCl 不能全溶,否则溶液浓度转为不饱和。

3. 思考题

(1)对消法测定电池电动势装置中,电位计、工作电源、标准电池及检流计各起什么作用?

(2)测量电动势为何要用盐桥? 如何选用盐桥以适合不同的系统?

(3)本实验中电池电动势与电池中 KCl 浓度是否有关? 为什么?

（兰建明）

实验九　旋光法测定蔗糖转化反应的速率系数

一、实验目的

1. 熟悉旋光法测定旋光性物质溶液浓度的原理,了解旋光仪的结构和工作原理,掌握自动旋光仪的使用方法;

2. 测定酸性溶液中蔗糖水解反应的速率系数和半衰期。

二、实验原理

酸性溶液中,蔗糖可发生水解反应:

$$C_{12}H_{22}O_{11}(蔗糖) + H_2O \xrightarrow{H^-} C_6H_{12}O_6(葡萄糖) + C_6H_{12}O_6(果糖)$$

在纯水中此水解反应速率极慢,在酸性溶液中 H^+ 起催化作用,可较快水解。若近似认为整个水解反应过程中水的浓度保持不变,蔗糖水解反应则可视为准一级反应,其反应速率方程可写成:

$$-\frac{dc_{C_{12}H_{22}O_{11}}}{dt} = kc_{C_{12}H_{22}O_{11}}$$

积分上式可得:

$$\ln c_t = -kt + \ln c_0 \tag{3.9.1}$$

式中,c_0—蔗糖溶液的起始浓度,$mol \cdot L^{-1}$;

　　　　c_t—反应到 t 时刻蔗糖溶液的浓度,$mol \cdot L^{-1}$;

　　　　k—蔗糖水解反应的表观速率系数,与酸的种类及浓度、水的浓度有关,s^{-1}。

显然,$\ln c_t$-t 是直线关系,其斜率即为 $-k$。

当 $c_t = 1/2c_0$ 时,反应时间称为半衰期:

$$t_{1/2} = \frac{\ln2}{k} = \frac{0.693}{k} \tag{3.9.2}$$

蔗糖、葡萄糖和果糖均为旋光性物质,它们的比旋光度分别为 $[\alpha_{蔗糖}]_D^{20} = 66.6°$,$[\alpha_{葡萄糖}]_D^{20} = 52.5°$,$[\alpha_{果糖}]_D^{20} = -91.9°$,所以可利用溶液旋光度的变化来度量反应的进程。由于果糖的左旋性比葡萄糖的右旋性大,所以生成物的混合溶液表现为左旋性质。随着水解反应的进行,水解反应的混合溶液的右旋角不断减小,而后变成左旋,直至蔗糖完全水解,溶液的左旋角达到最大值 α_∞。因此蔗糖水解反应又称为转化反应。

旋光性物质溶液的旋光度除了取决于旋光性物质的本性外,还与偏振光波长 λ、光程长度 l、溶剂极性、测定温度 T 和溶液浓度 c 等有关,当波长、溶剂、温度、旋光管长度固定时,其旋光度 α 与溶液浓度 c 成正比关系:

$$\alpha = \frac{[\alpha]_D^{20} \cdot l \cdot c}{100} = Kc$$

式中,α—旋光度,度(°);

$\quad\quad l$—旋光管长度,dm;

$\quad\quad K$—比例系数;

$\quad\quad c$—旋光性物质的溶液浓度,$g \cdot (100\ mL)^{-1}$。

设系统最初的旋光度为:

$$\alpha_0 = K_{蔗糖}c_0 \quad\quad\quad (3.9.3)$$

则反应到 t 时刻,混合溶液的旋光度为:

$$\begin{aligned}\alpha_t &= K_{蔗糖}c_{蔗糖} + K_{葡萄糖}c_{葡萄糖} + K_{果糖}c_{果糖}\\ &= K_{蔗糖}c_t + K_{葡萄糖}(c_0 - c_t) + K_{果糖}(c_0 - c_t)\end{aligned} \quad (3.9.4)$$

水解反应完全时:

$$\alpha_\infty = K_{葡萄糖}c_0 + K_{果糖}c_0 \quad\quad\quad (3.9.5)$$

联立(3.9.3)、(3.9.4)、(3.9.5)式可求解得:

$$c_0 = (K_{蔗糖} - K_{葡萄糖} - K_{果糖})^{-1} \cdot (\alpha_0 - \alpha_\infty)$$

$$c_t = (K_{蔗糖} - K_{葡萄糖} - K_{果糖})^{-1} \cdot (\alpha_t - \alpha_\infty)$$

将 c_0、c_t 代入(3.9.1)式得:

$$\ln(\alpha_t - \alpha_\infty) = -kt + \ln(\alpha_0 - \alpha_\infty) \quad\quad (3.9.5)$$

显然,测定蔗糖水解反应在 t 时刻混合溶液的旋光度 α_t 及完全水解时溶液的旋光度 α_∞,作 $\ln(\alpha_t - \alpha_\infty)$-$t$ 直线,从直线斜率可求得蔗糖水解反应的速率系数 k,进而求出半衰期 $t_{1/2}$。

若测得不同温度时的 k 值,利用阿仑尼乌斯经验公式可求出蔗糖水解反应的平均活化能 E_a:

$$\ln k = \frac{-E_a}{RT} + \ln A \quad\quad\quad (3.9.6)$$

三、仪器药品

恒温水浴 1 套,精密数字温度温差仪 1 台,WZZ-2B 自动旋光仪 1 台,

20 cm旋光管 2 根,25 mL 移液管 2 根,50 mL 烧杯 1 个,50 mL 容量瓶 1 个,100 mL 具塞锥形瓶 2 个,台秤 1 台,洗耳球 1 个。

蔗糖(AR),1.8 mol · L^{-1} HCl 溶液。

四、实验步骤

1.α_t的测定

称取 10 g 蔗糖配制成 50 mL 水溶液,移取 25.00 mL 该蔗糖溶液放入干燥的 100 mL 具塞锥形瓶中,取约 35 mL 1.8 mol · L^{-1} HCl 溶液放入另一个干燥的具塞锥形瓶。将这两个溶液置于 25 ℃恒温槽中恒温 10 min。移取恒温好的 HCl 溶液 25.00 mL 直接加入到蔗糖溶液中,边加边振摇锥形瓶使溶液快速混合均匀,记录时间作为反应起点。用少量溶液荡洗旋光管 3~5 次,将混合液装满旋光管,旋紧,置于恒温槽中反应。

反应至 10 min 时,从恒温槽中取出旋光管,迅速擦干管壁和两端盖玻片,放入自动旋光仪样品室,测定混合溶液的旋光度,记录下旋光度值和读数时间。将旋光管重新放回恒温槽中反应。

同样操作测定反应至 20、30、40、50、60、70、80 min 时混合溶液的旋光度 α_t。

2.α_∞ 的测定

将具塞锥形瓶中剩余的混合溶液液置于 55 ℃的水浴中恒温,让蔗糖彻底水解。α_t测定结束,旋光管倒空洗净。取出具塞锥形瓶,用混合溶液荡洗旋光管 3~5 次,然后将混合液装满旋光管,旋紧,置于 25 ℃恒温槽中恒温 10 min。取出旋光管,擦干,测定溶液旋光度。将旋光管重新放回 25 ℃恒温槽中恒温 10 min,再次测定旋光度。直至两次测得的旋光度一致,即为 α_∞。

实验结束,快速将自动旋光仪关机,以保护钠光灯。旋光管洗净,静置干燥。

五、数据处理

1. 以 $\ln(\alpha_t - \alpha_\infty)$对 t 作图,判断反应级数,由直线斜率计算反应速率系数 k。

2. 计算蔗糖水解反应的半衰期 $t_{1/2}$ 值。

表 3-9-1 蔗糖水解反应动力学研究数据记录

室温_____℃,恒温温度_____℃,HCl 溶液浓度_____mol·L^{-1},α_∞_____°

t/s								
$\alpha_t/°$								

六、实验指导

1. 预习要求

(1)预习旋光度测量的原理、旋光仪的结构和工作原理,熟悉自动旋光仪的使用。

(2)预习旋光法进行蔗糖水解反应动力学研究的原理、影响因素、数据处理过程。

2. 注意事项

(1)温度对本实验影响很大,实验中应保持旋光管中溶液温度恒定在 ± 0.1 ℃,恒温时间要足够,测定过程要迅速准确,旋光管离开恒温水浴时间应尽量短。一方面,旋光度是温度的函数,蔗糖溶液的比旋光度与温度存在以下关系:$[\alpha]_D = [\alpha]_D^{20}[1-3.7\times10^{-4}(t-20)]$;另一方面,蔗糖水解反应速率系数是温度的函数,温度每变化 1 ℃,将引入 $\pm 15\%$ 的反应速率系数测量误差。同时,若本实验选择的恒温温度偏低,反应很长时间才能完成;而恒温温度偏高,反应速率太快,则旋光度测量中读数误差很大。在测定蔗糖溶液的 α_∞ 时,注意温度不要超过 60 ℃,避免发生脱水反应,反应液泛黄,引起测量误差。

(2)本实验蔗糖浓度不能太大,否则偏离一级反应动力学。

(3)蔗糖水解反应是一个酸催化反应,酸的种类、浓度不同,水解反应速率系数也不相同。在较低 H$^+$ 浓度时,反应速率系数与 H$^+$ 浓度成正比。所以在实验中 HCl 溶液浓度要准确,以方便与文献值(表 3-9-2)对比。注意不能将蔗糖溶液加到盐酸中,盐酸加到蔗糖溶液中要及时混匀,防止局部催化发生。

(4)旋光仪使用中注意保护钠光灯,工作时不要随意移动仪器,工作结束要及时关机。钠光灯在直流供电不能使用时,可在交流供电下测试。旋光管尽量装满,若管中有气泡令其浮在凸颈处,两端螺帽不要旋太紧,否则容易引起测量误差甚至损坏盖玻片,旋光管要按相同的方向、位置放入样品室。结束测试后旋光管要及时清洗,避免酸性腐蚀。

表 3-9-2 温度、盐酸浓度对蔗糖水解反应速率系数*的影响

[H⁻]/(mol·L⁻¹)	$k_{25℃}$/(×10⁻⁵ s⁻¹)	$k_{35℃}$/(×10⁻⁵ s⁻¹)	$k_{45℃}$/(×10⁻⁵ s⁻¹)
0.0502	0.6948	2.897	10.355
0.2512	3.758	15.592	59.77
0.4137	6.738	28.33	101.03
0.9000	18.60	77.93	248.0
1.214	29.092	126.62	

* 蔗糖水解反应的活化能 E_a = 108 kJ·mol⁻¹。

3. 思考题

(1)实验中蔗糖溶液是否需要精确配制,为什么? HCl 溶液浓度对实验结果有什么影响?

(2)α_∞ 测量结果对实验有什么影响,如何减小 α_∞ 测量不准对实验的影响? 如果没测到 α_∞ 数据,如何进行数据处理求算反应速率系数?

(3)蔗糖水解反应的速率系数和哪些因素有关? 简要分析提高测量精度的措施。

(4)在旋光度的测量中,为什么要对零点进行校正,如何校正? 本实验是否需要校正仪器零点?

(兰建明)

实验十 毛细管升高法测定液体的表面张力

一、实验目的

1. 熟悉毛细管升高法测定液体表面张力的原理和方法；
2. 用毛细管升高法测定水的表面张力及其与温度的变化关系。

二、实验原理

液体的表面张力是指液体与其蒸气平衡时的界面张力，源于液、气两相界面处分子受力的不平衡，所以与液体的性质、气相的性质、温度等因素有关。液体的表面张力一般是在空气中测定的，所以测得的表面张力实际上是液体与其蒸气及空气的混合物达平衡时的界面张力。随温度升高，液体分子的热运动加剧，空气中的液体蒸气分子比例增加，液体中分子间引力由于体积膨胀、分子间距增大而减弱，所以液体的表面张力通常随温度升高而下降，在临界温度时气—液相界面趋于消失，表面张力接近于零。测定液体的表面张力，不仅可加深对表面张力性质的认识，而且是研究表面活性剂的表面活性、分子的横截面积、分子长度，以及相界面行为等的重要实验手段。

测定液体的表面张力，常用的方法有最大气泡法、滴体积法、圆环法、毛细管升高法等。毛细管升高法原理如图 3-10-1 所示，是测定液体表面张力的一种绝对方法，精确度可达 0.05%，因而常用作等张比容测定以及分子结构研究。在测定中，除需要知道液体的组成外，还需确定液体的密度，所需液体体积比较多。

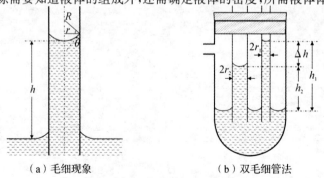

（a）毛细现象　　　（b）双毛细管法

图 3-10-1　毛细管升高法测定液体表面张力原理示意图

将干净的玻璃毛细管插入能润湿其管壁的液体中，毛细管中液体呈凹液面，其接触角 $\theta<90°$。由于凹液面下附加压力的作用，毛细管内凹液面下液体所受到的压力小于管外水平液面所受的压力，因此管外液体被压入管内，使毛细管内液柱升高，直至液柱静压差与附加压力达平衡：

$$\Delta p = \frac{2\sigma}{R} = \rho g h \qquad (3.10.1)$$

式中，Δp—凹液面下液体受到的附加压力，Pa；

σ—液体的表面张力，N·m^{-1}；

ρ—液体的密度，kg·m^{-3}；

g—重力加速度，9.80665 m·s^{-2}；

h—液柱高度，m；

R—凹液面的曲率半径，m。

从图 3-10-1(a)可以看出，毛细管半径 r 与凹液面的曲率半径 R 的关系为：

$$R = \frac{r}{\cos\theta}$$

式中，θ—液体与毛细管的接触角，°。

代入(3.10.1)式，可得：

$$h = \frac{2\sigma\cos\theta}{\rho g} \cdot \frac{1}{r} \qquad (3.10.2)$$

在恒定温度下，液体的表面张力、密度、与毛细管的接触角都是常数，所以毛细管中液柱上升的高度与其管径成反比。若能测得该毛细管的管径及液柱上升的高度，从(3.10.2)式可算出液体的表面张力。

需要注意，单根毛细管中液柱上升的高度并不完全符合(3.10.1)式，因为毛细管外的液面并非水平液面。如果液体量少，装在管径不大的试管中进行测量，试管中液体表面也将是凹液面，由此引入的误差需要扣除。因此本实验采用双毛细管升高法[图 3-10-1(b)]，测定两根毛细管中液柱的高度差值，则不必考虑管外液面的情况：

$$\begin{aligned} \Delta h &= h_1 - h_2 \\ &= \frac{2\sigma\cos\theta}{\rho g}\left(\frac{1}{r_1} - \frac{1}{r_2}\right) \qquad (3.10.3) \\ &= \frac{K}{\rho}\sigma \end{aligned}$$

用已知表面张力、密度的液体测定两根毛细管中的高度差 Δh,求算 K 值。然后测定未知表面张力的液体在的两根毛细管中的高度差 Δh,从 (3.10.3)式可计算出该液体的表面张力 σ。测定不同温度下液体的表面张力,观察温度对液体表面张力的影响。

三、仪器药品

恒温水浴 1 套,精密数字温度温差仪 1 台,玻璃毛细管 2 根($r_1 \approx 0.1$ mm, $r_2 \approx 0.2$ mm),测高仪 1 台,大试管 1 支,洗耳球 1 个。

双蒸水。

四、实验步骤

将大试管垂直固定在 25 ℃ 的玻璃恒温槽中,试管内垂直固定两根洗净烘干的毛细管,往试管中加入适量双蒸水,恒温 20 min,使两根毛细管液面充分平衡。

将测高仪放在合适位置,调整测高仪的立柱处于竖直位置,并使望远镜处于水平状态,调节望远镜,使能清晰地看到叉丝和一根毛细管中液面的像,旋动定位套环上的微调螺杆,使望远镜中的叉丝对准凹液面最低点,记下读数,测定 3 次取平均值。测定另一根毛细管中凹液面最低点的高度,计算两个液柱的高度差值。用洗耳球向试管中略鼓气,毛细管中液面升高,停止鼓气液面下降,恒温平衡 5 min,再次测试两个液柱的高度差值。如此 3 次,高度差若相近,取其平均值。

改变恒温槽温度,在 30 ℃、35 ℃、40 ℃ 重复以上步骤,测定各个温度时两个液柱的高度差值。

五、数据处理

1. 查得 25 ℃ 时水的表面张力、密度值,以其为标准,从 25 ℃ 实验步骤中测定的 Δh 计算(3.10.3)式中的 K 值。

2. 查得各实验温度时水的密度值,从各实验数据按(3.10.3)式计算各温度时水的表面张力,与文献数据作比较。

3. 绘制水的 σ-T 曲线,说明水的表面张力随温度变化的情况,结合水的结构分析之。

六、实验指导

1. 预习要求

(1)预习毛细管升高法测定液体表面张力的原理和方法。

(2)熟悉水的表面张力随温度变化的情况。

(3)熟悉测高仪的构造与使用方法。

2. 注意事项

(1)液体的表面张力与温度关系密切,本实验要求在恒温时测定,温度波动控制在±0.1 ℃。

(2)实验用试管和毛细管必须十分洁净,避免污染待测水样,影响结果的准确性。

(3)毛细管要求端口平整、光滑,整根毛细管管径一致。可将毛细管上下两端各折取 1 cm 段,用工具显微镜测量其管径,若上下端管径相差大,说明毛细管不均匀。毛细管洗净后不能用热风烘干,避免管径发生变化。

(4)细心调整测高仪,保证其立柱竖直,望远镜水平,直至望远镜和水准器绕立柱旋转一周时气泡始终居中为止。

3. 思考题

(1)影响毛细管上升法测定液体表面张力的因素有哪些? 请对本实验结果作误差分析。

(2)单毛细管法与双毛细管法有什么区别?

(3)试从水分子结构分析其液体表面张力与温度的关系。

（杨鑑锋）

实验十一 黏度法测定高分子化合物的摩尔质量

一、实验目的

1. 熟悉乌氏黏度计的结构与使用方法；
2. 掌握用乌氏黏度计测定高分子溶液黏度的原理、方法与影响因素；
3. 测定线型高分子化合物聚乙烯醇的黏均摩尔质量。

二、实验原理

1. 高分子化合物平均摩尔质量的测定

分子量是表征化合物特性的基本参数之一。高分子是由小分子单体聚合而成的，不论是天然的还是人工合成的高分子化合物，每个分子的聚合度并不相同，所以高分子化合物的摩尔质量是具有统计意义的平均值。同一高分子化合物，摩尔质量不同，其性能差异很大，由于不同的用途对性能和摩尔质量的要求不同，所以测定高分子化合物的摩尔质量对生产和使用具有重要的实际意义。

测定高分子化合物的平均摩尔质量的方法有许多种，它们对应的摩尔质量的范围也不同（表 3-11-1）。基于泊塞耳方程设计的玻璃毛细管黏度计是以一定体积的液体，依靠压力差或者自身的质量，用流经标准毛细管所需的时间来测定液体的黏度，其设备简单，操作方便，精度较高[±(5～20)%]，适用分子量范围广，是化学实验室常用的黏度测量方法。

表 3-11-1 常用的高分子化合物平均摩尔质量的测量方法

测量方法	高分子化合物的摩尔质量范围
端基分析法	$<3\times10^4$
沸点升高法、凝固点降低法、等温蒸馏法	$<3\times10^4$
渗透压法	$10^4\sim10^6$
光散射法	$10^4\sim10^7$
超离心沉降及扩散法	$10^4\sim10^7$
黏度法	$10^4\sim10^7$
凝胶渗透色谱法	$10^3\sim5\times10^6$

2. 高分子化合物黏均摩尔质量的测定

黏度法测定线型高分子化合物的平均摩尔质量，主要是基于马克（Mark）—霍温克（Houwink）经验方程式：

$$[\eta] = K M_\eta^\alpha \qquad (3.11.1)$$

式中，$[\eta]$—特性黏度，反映单个高分子对溶液黏度的贡献，$mL \cdot g^{-1}$；

M_η—黏均摩尔质量，为相对平均分子质量；

K—经验常数，与温度、高分子化合物、溶剂有关，$mL \cdot g^{-1}$；

α—经验常数，与温度、高分子化合物、溶剂有关。

用乌氏黏度计分别测量相同体积（图 3-11-2 中 C 球上下刻度 E、F 之间的体积）不同浓度 c 高分子稀溶液及纯溶剂流经毛细管的时间 t 和 t_0，由于稀溶液与纯溶剂的密度近似相等，从(2.7.5)式可计算出该高分子溶液的比浓黏度：

$$\frac{\eta_{sp}}{c} = \frac{\eta_r - 1}{c} = \frac{t/t_0 - 1}{c} \qquad (3.11.2)$$

高分子溶液的比浓黏度与浓度遵守哈金斯（Huggins）公式：

$$\frac{\eta_{sp}}{c} = [\eta] + k[\eta]^2 c \qquad (3.11.3)$$

所以，作 $\eta_{sp}/c\text{-}c$ 直线（图 3-11-1），外推直线到浓度 c 为零处，可从纵截距直接读出溶液的特性黏度$[\eta]$。将$[\eta]$值代入(3.11.1)式，可求得高分子化合物的黏均摩尔质量 M_η。

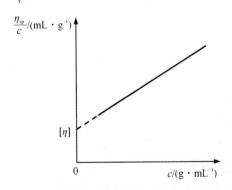

图 3-11-1 外推法测定高分子溶液的特性黏度$[\eta]$

3. 聚乙烯醇简介

本实验模型高分子化合物选用聚乙烯醇（PVA），因其具有良好的水溶性、成膜性、黏结力、乳化性及热稳定性等特点,被广泛用于油田、纤维、胶黏剂、涂料、功能高分子材料、造纸工业等领域。由于聚乙烯醇属一般无毒材料,浓度高达 10%时对皮肤和眼睛仍无刺激性,所以允许应用于化妆品和医药产品。作为药用辅料,聚乙烯醇主要用于局部用药及眼用制剂中,可用作乳状液的稳定剂,或作眼用产品的增黏剂,也可用于口服缓释制剂及透皮贴剂中。

聚乙烯醇的水溶性随其醇解度不同而变化,如醇解度在 87%~89%时水溶性很好,可在冷水、热水中很快溶解,表现出很大的溶解度,一旦制成水溶液,就不能从溶液中再析出。聚乙烯醇水溶液的黏度随产品类型、浓度、温度的变化而变化,浓度增大黏度急剧上升,温度升高则黏度急剧下降。聚乙烯醇水溶液为非牛顿流体,但在较低浓度、较小剪切速率时可视为牛顿流体。聚乙烯醇分子易吸附在玻璃毛细管管壁,并形成稳固吸附,但不影响管壁的界面性能,不会改变管壁的界面与高分子间的相互作用。

三、仪器药品

恒温水浴 1 套,精密数字温度温差仪 1 台,激光水平仪 1 台,电热恒温鼓风干燥箱 1 台,电子天平 1 台,乌氏黏度计 1 根,5 mL 吸量管 1 根,10 mL 吸量管 1 根,100 mL 容量瓶 1 个,250 mL 具塞锥形瓶 1 个,250 mL 烧杯 1 个,G3 砂芯漏斗 1 个,乳胶管 2 根,夹子 1 个,洗耳球 1 个。

聚乙烯醇,铬酸洗液(经 G3 砂芯漏斗过滤)。

四、实验步骤

1. 准确称取 0.6 g 聚乙烯醇,加入约 60 mL 水,小心转移至 100 mL 容量瓶中,待样品全溶后,定容,摇匀,静置陈化 3~4 天。实验前,用 G3 砂芯漏斗过滤。

乌氏黏度计先用铬酸洗液浸泡,再用自来水、蒸馏水冲洗,直至毛细管管壁不挂水珠,烘干待用。

2. 将乌氏黏度计的 M、N 两管分别小心套上乳胶管,垂直固定于 30 ℃玻璃恒温槽中,使 D 球完全浸入水浴。准确移取 10.00 mL 蒸馏水,注入 L 管,恒温 10 min。将 M 管上的乳胶管用夹子夹紧,使不通气。将 N 管上的乳胶管连接洗耳球,慢慢抽气,将水从 A 球经 B 球、R 毛细管、C 球抽至 D 球,待液面上升至 D 球一半左右停止抽气。打开 M 乳胶管上的夹子连通大气,B 球内的水即流回 A 球,R 毛细管内液体同 B 球分开处于悬空状态。松开 N 管,液体开始向下流动,当液面流经 E 刻度,开始计时;液面到达 F 刻度,停止计时,测得液面由 E 到 F 刻度所需的时间。重复测定 5 次,极差小于 0.2 s,去掉最大值和最小值,取平均值为 t_0。

3. 准确吸取 5.00 mL 已恒温好的聚乙烯醇水溶液,从 L 管小心加入 A 球液体中,勿使出现气泡。为避免起泡,可往液体中加几滴正丁醇。夹紧 M 乳胶管,用洗耳球从 N 管轻轻鼓气搅拌,再将液体抽上流下数次使溶液彻底混合均匀。恒温 2 min,按上述步骤操作,测定溶液由 E 到 F 刻度所需时间。同样,依次加入 5.00、5.00、5.00 mL 聚乙烯醇水溶液,逐一测定溶液的流经时间 t。

4. 将黏度计中溶液倒入回收瓶,用自来水清洗黏度计,再用蒸馏水清洗 3～5 次,特别注意毛细管是否干净。加入约 20 mL 蒸馏水,恒温 10 min,按上述步骤操作,再次测定溶剂的流经时间 t_0'。

5. 实验结束,用蒸馏水仔细冲洗黏度计,最后装满水浸泡,备用。

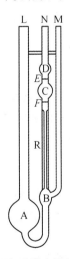

图 3-11-2　乌氏黏度计结构示意图

五、数据处理

1. 本实验用三种方法确定溶剂的流经时间 t_0:①在溶液测定之前测定 t_0;②在溶液测定之后测定 t_0';③作溶液的流经时间 t 与浓度 c 直线,外推到浓度 c 为零处,从纵截距确定 t_0^*。

2. 应用以上三种溶剂的流经时间,分别计算不同浓度聚乙烯醇水溶液的

η_{sp},作三条 η_{sp}/c-c 直线,外推直线到浓度 c 为零处,从纵截距分别求出三个 $[\eta]$ 值,分析比较它们的异同。

3. 用马克—霍温克经验方程式计算聚乙烯醇的黏均摩尔质量。

表 3-11-2 溶剂的流经时间的测定

室温_____℃,恒温槽温度_____℃

No.	1	2	3	4	5
t_0/s					
t_0'/s					

表 3-11-3 溶液的流经时间的测定

每次加入的溶液体积/mL	5.00	5.00	5.00	5.00
t/s				

六、实验指导

1. 预习要求

(1)预习乌氏黏度计测定高分子溶液黏度的原理、方法与影响因素。

(2)熟悉乌氏黏度计的结构、使用方法及注意事项。

(3)预习高分子化合物黏均摩尔质量的测量原理与数据处理方法。

2. 注意事项

(1)聚乙烯醇水溶液为非牛顿流体,只有在浓度低于 $0.5\%(W/V)$,剪切速率小于 $400\ s^{-1}$,溶液才能按牛顿流体作近似处理。所以,实验中聚乙烯醇水溶液浓度在 $0.002\sim0.005\ g\cdot mL^{-1}$ 为宜。

(2)选择合适的乌氏黏度计,要求纯水的流经时间大于 $100\ s$。保证黏度计洁净,垂直置于恒温水浴中,温度波动控制在 $\pm0.05\ ℃$。使用时尽量抓取 L 管,小心避免折断黏度计。使用完毕,黏度计应彻底清洗干净并用水浸泡备用。

(3)测定流经时间时,注意 M 管上的乳胶管一定要放开。否则测得的时间偏长,出现很大误差,此时乌氏黏度计类似奥氏黏度计工作状态。

(4)聚乙烯醇是起泡剂,其水溶液很容易引入气泡且难以消除,影响溶液通过毛细管。在加入消泡剂正丁醇时,每 100 mL 液体中加入总量应少于

0.40 mL,蒸馏水中也应加入等量的正丁醇。较多正丁醇的加入不仅影响了液体的黏度,而且改变了马克—霍温克经验方程式的 K 和 α 常数大小,因为文献查到的 K 和 α 常数值是纯水与聚乙烯醇系统的数据。如果液体中出现较大气泡,可静置使气泡浮在液面,减小对液体通过毛细管的影响。

(5)最后一次加入溶液,总体积可能过大,虽然使 M 管连通大气,B 球中液体仍因体积太多无法与毛细管断开。此时可在溶液混匀后倒掉适量,再进行测定。

(6)计算聚乙烯醇黏均摩尔质量的 K、α 常数是与溶剂、高分子化合物及温度有关的经验常数,其物理意义不完全清楚,其中 K 受温度影响较大,α 主要取决于高分子化合物在溶剂中的形态,它们只能通过其他方法(如膜渗透压法、光散射法等)确定,所以黏度法是一种相对法。聚乙烯醇水溶液的 K、α 见表 3-11-4。

表 3-11-4　聚乙烯醇水溶液的 K、α 常数

温度/℃	$K/(\times 10^{-2}$ mL·$g^{-1})$	α	适用相对分子质量范围($\times 10^4$)
25	2.00	0.76	0.6~2.1
	5.95	0.63	1.2~19.5
30	6.66	0.64	3~12
	4.28	0.64	1~80

3. 思考题

(1)乌氏黏度计的支管 M 的作用是什么? 能否去除 M 管改为双管黏度计使用?

(2)乌氏黏度计的毛细管太粗或太细有什么影响?

(3)为什么黏度计必须垂直? 如何判断?

(4)请试列举影响黏度准确测定的因素。

(5)本实验是采用由稀到浓的方法进行测定,能否由浓到稀进行?

(杨鑑锋)

实验十二 胶体的制备及其电泳速率的测定

一、实验目的

1. 掌握制备、纯化 $Fe(OH)_3$ 溶胶方法；

2. 掌握宏观界面移动法电泳技术；

3. 验证 $Fe(OH)_3$ 溶胶的带电性质，测定其 ζ 电势。

二、实验原理

1. $Fe(OH)_3$ 溶胶的制备与纯化

固体粒子以 $10^{-9} \sim 10^{-7}$ m 大小分散在液体介质中形成胶体，胶体是高度分散、热力学不稳定的多相系统。$Fe(OH)_3$ 溶胶的制备方法通常有两类：

(1) 分散法　把较大的物质颗粒变为胶体粒子大小的质点，如研磨法、电弧法、超声波法、气流粉碎法、高压匀浆法、胶溶法等。胶溶法制备 $Fe(OH)_3$ 溶胶是将新生成的 $Fe(OH)_3$ 沉淀，经充分洗涤后加入适量 $FeCl_3$ 稀溶液稳定，搅拌后沉淀转为红棕色溶胶。

$$FeCl_3 + 3NH_4OH \rightarrow Fe(OH)_3 \downarrow + 3NH_4Cl$$

$$2Fe(OH)_3 + FeCl_3 \rightarrow 3FeOCl + 3H_2O$$

$$FeCl_3 + H_2O \rightarrow FeOCl + 2HCl$$

$$FeOCl \rightarrow FeO^+ + Cl^-$$

$$mFe(OH)_3 + nFeO^+ + nCl^- \rightarrow \{[Fe(OH)_3]_m \cdot nFeO^+ \cdot (n-x)Cl^-\}^{x+} \cdot xCl^-$$

(2) 凝聚法　把物质的分子或离子聚合成胶粒大小的质点。物理凝聚法有蒸气冷凝法、改换溶剂法、包膜法等；化学凝聚法有复分解反应、氧化还原反应、水解反应等。$Fe(OH)_3$ 溶胶可以通过其盐类的水解制得：

$$FeCl_3 + 3H_2O(热) \rightarrow Fe(OH)_3 + 3HCl$$

$$Fe(OH)_3 + HCl \rightarrow FeOCl + 2H_2O$$

$$FeOCl \rightarrow FeO^+ + Cl^-$$

$$mFe(OH)_3 + nFeO^+ + nCl^- \rightarrow \{[Fe(OH)_3]_m \cdot nFeO^+ \cdot (n-x)Cl^-\}^{x+} \cdot xCl^-$$

制成的 $Fe(OH)_3$ 溶胶中有其他离子存在影响其稳定性，因此必须纯化。

常用的纯化方法有超过滤法、渗析法等。半透膜渗析法是以半透膜隔开 $Fe(OH)_3$ 溶胶和水,因膜内外小分子、小离子存在浓度差而透过半透膜从膜内扩散到膜外,而溶胶粒子不能通过半透膜留在膜内。如果不断更换溶剂以保持较大的浓度梯度,渗析一段时间后便可达到纯化溶胶的目的。搅拌、适当加热或电渗析的方法可提高渗析效率。

2. 电泳法测定 $Fe(OH)_3$ 溶胶的电动电势

在外电场作用下,带电的溶胶粒子在介质中向异性电极定向移动,称为电泳。研究电泳的实验方法很多,常用的有界面电泳、显微电泳和区域电泳等。图 3-12-1 是研究溶胶粒子电泳的经典实验装置,在 U 形电泳管两端接通直流电源,$Fe(OH)_3$ 溶胶粒子在电场中作匀速运动,可以观察到电泳管一端界面上升,另一端界面下降,测定界面移动的速率可求得溶胶粒子的电泳速率。

溶胶的电泳速度,不仅与外加电场强度有关,还与溶胶的电动电势 ζ 值有关。$Fe(OH)_3$ 溶胶的电动电势可根据休克尔公式计算:

$$\zeta = \frac{K\eta v}{4\varepsilon_0 \varepsilon_r E} \tag{3.12.1}$$

式中,K—$Fe(OH)_3$ 溶胶的胶粒为棒状,K 值取 4;

    η—介质的黏度,$Pa \cdot s$;

    v—溶胶的电泳速率,$m \cdot s^{-1}$;

    ε_0—真空绝对介电常数,8.854×10^{-12} $F \cdot m^{-1}$;

    ε_r—介质的相对介电常数,$F \cdot m^{-1}$;

    E—外加电场强度,$V \cdot m^{-1}$。

电泳仪两个电极外接电压 $V(V)$ 的直流电源,在时间 $t(s)$ 内 $Fe(OH)_3$ 溶胶界面移动距离为 $h(m)$,则溶胶的电泳速率为:

$$v = \frac{h}{t}$$

如果辅助液与溶胶的电导率相近,两极间通电距离为 $l(m)$,则外加电场强度为:

$$E = \frac{V}{l}$$

将以上二式代入(3.12.1)式,得:

$$\zeta = \frac{\eta h l}{\varepsilon_0 \varepsilon_r t V} \tag{3.12.2}$$

测定 ζ 电势对研究溶胶的稳定性具有十分重要的意义。一般溶胶的 ζ 电势越小,其稳定性越差。当 ζ 电势接近零时,甚至可观察到聚沉的发生。

三、仪器药品

电泳仪电源 1 台,电泳仪 1 套,电热套 1 个,250 mL 烧杯 3 个,250 mL 锥形瓶 1 个,电导率仪 1 台,电吹风 1 个,小刀 1 把,尺子 1 把,细铜线 1 卷,细棉线 1 卷,长滴管 1 支。

5% 火棉胶,2% $FeCl_3$ 溶液,已纯化 $Fe(OH)_3$ 溶胶,1% $AgNO_3$ 溶液,1 mol·L^{-1} KCl 溶液,无水乙醇。

四、实验步骤

1. 制备半透膜袋

取一只洗净烘干的 250 mL 锥形瓶,倒入约 20 mL 5% 火棉胶,小心转动使火棉胶液黏附在锥形瓶壁上形成均匀薄层,倾回多余的火棉胶液。将锥形瓶倒置在铁圈上并不断旋转,待剩余火棉胶液流尽,静置使乙醚蒸发。当锥形瓶嗅不到乙醚的气味,手指轻触瓶口胶膜不觉黏手,再静置 5 min,往瓶内注满蒸馏水浸泡 10 min,溶去胶膜中剩余的乙醇。倒掉水,用小刀轻轻割开瓶口薄膜,使薄膜与瓶口剥离,从剥开处的膜壁之间缓慢注入蒸馏水,使膜脱离瓶壁后,轻轻取出即成半透膜袋。检查半透膜袋没有破洞(如果只是小洞,可用玻璃棒沾火棉胶液修补),注水悬空,袋内蒸馏水应能缓慢渗出,渗水速度大于每小时 4 mL 即为合格。将制好的半透膜袋浸泡在蒸馏水中待用。

2. 制备 $Fe(OH)_3$ 溶胶

在 250 mL 烧杯中加入 50 mL 蒸馏水,加热至沸腾。边搅拌边逐滴加入 5 mL 2%$FeCl_3$溶液,加毕继续沸腾 5 min,可得到棕红色的 $Fe(OH)_3$ 溶胶。

将制备的 $Fe(OH)_3$ 溶胶冷却至 50～60 ℃时,倒入半透膜袋中,用棉线扎紧,置于 250 mL 烧杯中,用 100 mL 蒸馏水进行热渗析,水温维持在 60～70 ℃。半小时换一次水,取渗析水 1 mL 用 1% $AgNO_3$ 溶液检查 Cl^- 离子。持续渗析,实验结束前测试 $Fe(OH)_3$ 溶胶的电导率。

3. $Fe(OH)_3$ 溶胶 ζ 电势的测定

测量已纯化的 $Fe(OH)_3$ 溶胶的电导率。在 250 mL 烧杯中加入 100 mL 蒸馏水,小心滴加 1 mol·L^{-1} KCl 溶液,搅拌,使混合溶液的电导率与溶胶电导率刚好相等,即为辅助液。

洗净电泳管,用辅助液润洗 2～3 次。在电泳管两端插好铂电极,调整两个电极使其端点高度相等。关闭下端活塞,加入适量辅助液,注意液面下方不要有气泡。将 $Fe(OH)_3$ 溶胶由分液漏斗从中管沿管壁小心加入辅助液中,可见到清晰的溶胶界面形成并缓慢向 U 形管两端移动、升高,至辅助液面浸没两个铂电极止。

将电极连接电泳仪电源,调整电压为 30～70 V。观察溶胶界面移动情况,待其稳定移动,记录界面位置和开始时间。注意观察电压的稳定性,记录界面移动每厘米所需时间,待界面移动 4 cm 停止电泳。记下电压值,用细铜线沿 U 形管中部精确量取两电极端点间的通电距离。

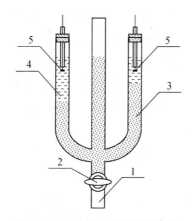

图 3-12-1 电泳实验装置示意图

1. 电泳管 2. 活塞 3. $Fe(OH)_3$ 溶胶 4. 辅助液 5. 铂电极

五、数据处理

1. 记录 $Fe(OH)_3$ 溶胶的制备和纯化的实验现象及电导率数据。

2. 根据 $Fe(OH)_3$ 溶胶界面移动的方向,说明胶粒带电种类,计算溶胶 ζ 电势。

表 3-12-1 界面移动电泳法测定 $Fe(OH)_3$ 溶胶 ζ 电势数据记录

室温_____℃,辅助液电导率_____$\mu S \cdot cm^{-1}$

电泳电压/V	通电距离/cm	溶胶界面移动每厘米所需时间/min			
		第 1 厘米	第 2 厘米	第 3 厘米	第 4 厘米

六、实验指导

1. 预习要求

(1)预习溶胶制备的原理、方法。

(2)复习电导率仪的使用方法与注意事项。

(3)预习电泳的原理、方法,预习界面移动电泳法测定 $Fe(OH)_3$ 溶胶 ζ 电势的方法。

2. 注意事项

(1)水解法制备 $Fe(OH)_3$ 溶胶的关键在于 $FeCl_3$ 溶液应逐滴加入沸腾的蒸馏水,并不断搅拌。$FeCl_3$ 溶液滴加时要注意观察,不能有沉淀形成。反应结束,若溶液底部有沉淀物应去除。

(2)火棉胶制备半透膜袋时,需等乙醚蒸发完才能加水,加水过早,半透膜发白不能使用,但也不能等待时间过久,防止半透膜袋变硬、发脆、开裂。半透膜袋暂时不用需在水中保存。

(3)电泳仪应洗净,避免因杂质混入影响溶胶的 ζ 电势、辅助液的电导率、溶胶界面的移动。

(4)界面移动法的困难之一在于溶胶与辅助液间难以形成清晰的界面。本实验中往辅助液中加入溶胶的做法需要溶胶密度、浓度比较大,纯度好,加入时要十分小心缓慢。如果观察到溶胶与辅助液接触处有互溶现象,可先停止加入,静置片刻再继续。在实验中,注意不要晃动电泳管而破坏其清晰界面。

(5)量取两电极间的通电距离,可从电极端点开始,尽量沿着电泳管的中心线量取,测量 3～4 次求取平均值。

(6)计算溶胶 ζ 电势时,介质的 η、ε_r 值采用实验温度下纯水的数据,请查表计算。

(7)本实验采用稳压电泳,需正确预置电泳仪电源,禁止空载开机。工作时,禁止碰触任何可能带电部分,不要临时增加或拔除输出导线插头。实验结束切断电源后,才可以取下电极回收电泳管中 $Fe(OH)_3$ 溶胶。

3. 思考题

(1)为什么长时间渗析对溶胶有不利影响?

（2）影响胶体电泳测定的因素有哪些？

（3）电泳实验根据哪些条件选择辅助液，其电导率与溶胶不同有什么影响？

（杨鑑锋）

实验十三 乳状液、复乳和微乳

一、实验目的

1. 熟悉乳状液形成的基本原理,掌握乳状液的制备、类型鉴别、稳定性考察及破乳的方法;

2. 熟悉高剪切乳化机、超声波细胞粉碎仪的工作原理和使用方法;

3. 了解复乳、微乳的制备原理和方法。

二、实验原理

乳状液是指互不相溶的两相液体在乳化剂存在下形成的暂时稳定的非均相分散系统,分散相粒径一般在 $0.1 \sim 100~\mu m$,光学显微镜下可清楚观察到。乳状液制备首先将油相、水相、乳化剂混合,然后借助外加的机械能作功使内相分散成乳滴,乳化剂可使其稳定。

1. 乳状液的类型

乳状液由水相(W)、油相(O)和乳化剂组成,三者缺一不可。根据乳化剂的种类、性质及相体积比,可以形成水包油型(O/W)和油包水型(W/O)乳状液。

鉴别乳状液类型的方法有:

(1)观察外观　O/W 型乳状液通常呈乳白色,W/O 型乳状液接近油的颜色。

(2)稀释法　乳状液能被与外相相同的液体稀释。能与水均匀混合的为 O/W 型乳状液,反之则为 W/O 型乳状液。

(3)电导法　水相中一般都含有离子,故其导电能力比油相大得多。O/W 型乳状液中,水是连续外相,电导率大;反之,W/O 型乳状液几乎不导电,电导率小。

(4)染色镜检法　选择一种仅能溶于乳状液中两相之一的染料(如水溶性染料亚甲基蓝或油溶性染料苏丹Ⅲ)加入到乳状液中,在显微镜下观察,若外相蓝色内相无色,是 O/W 型乳状液;若外相无色内相红色,是 W/O 型乳状液。

2. 乳状液的稳定性

乳状液属热力学不稳定的非均相分散系统,其稳定性是暂时的,所以易发生分层、絮凝、相转变、合并、破裂等。乳状液稳定性的考察方法主要有:

(1)粒径大小的测定　400 倍光学显微镜下,用目镜测微尺测定不少于 600 个乳滴粒径,取其算术平均值或作粒径分布图。

(2)离心法　为了在短时间内观察乳状液的分层,可用离心法加速。4000 rpm离心 15 min,如不分层可认为该乳状液质量稳定。

(3)快速加热试验　取一定体积的乳状液于具塞试管中置高温水浴中恒温,分层慢的稳定性较好。

(4)冷藏法　取一定体积的乳状液于具塞试管中,冰箱冷藏,不分层则认为稳定性较好。

有时因实际需要,会设法破坏乳状液的稳定存在,称为破乳,主要是破坏乳化剂的保护作用,最终使水、油两相分层析出。常用的破乳方法主要有:

(1)加入适量的破乳剂。破乳剂一般是反型乳化剂,如果加入过多,乳状液有可能发生转型而不是破乳。

(2)在 O/W 型乳状液中加入电解质,可减薄分散相的水化层,降低乳状液的稳定性。

(3)用不能生成牢固保护膜的表面活性物质(如异戊醇)取代原来的乳化剂。异戊醇表面活性虽大,但其碳链太短,不足以生成牢固的保护膜。

(4)升温使乳化剂在界面上的吸附量降低,增强乳滴的布朗运动,减小乳状液的稳定性。

(5)高压电场下分散相易变形、合并,分散度下降,最终破乳。

3. 复乳

复乳是由 W/O 型或 O/W 型乳状液进一步乳化而成的多重乳剂,如 W/O/W或 O/W/O 型等。前者由 W/O 型初乳再经乳化而分散于水相所得;后者由 O/W 型初乳分散于油相制得,一般都采用二步乳化技术。W/O/W 型复乳的乳滴粒径一般在 $2\sim40\ \mu m$,由于既具有 W/O 型乳状液的特性,而外相又是水,故黏度低,流动性好,在药物中应用广泛。

4. 微乳

微乳状液,简称微乳,是分散相液珠粒径介于 $10\sim100$ nm 之间的热力学稳定且各向同性的液—液分散系统,属于胶体分散系统。微乳一般在一定条件下可自发(或轻度振摇)形成,其外观透明或半透明,低黏度,稳定性好,易于制备,粒径小且均匀,经热压灭菌或离心仍不分层。微乳的处方成分通常是油、水、乳化剂和助乳化剂。微乳中乳化剂的用量是普通乳状液中乳化剂的2～3倍(一般占系统中油相总量的20%～30%),这是因为微乳乳滴小界面大,需要更多的乳化剂。助乳化剂则调节乳化剂的 HLB 值,增大乳化剂的溶解度,从而促使形成更小的乳滴。当油、乳化剂、助乳化剂确定后,可通过三组分系统相图找出微乳区域,进而确定各组分用量。微乳制备有自发乳化法、转相乳化法、相转变温度乳化法、机械法等。

微乳在药物中应用广泛,如卵磷脂—乙醇—十四酸异丙酯—水系统属于W/O 型微乳,水以细小的颗粒形式分散于连续的油相中。由于微乳系统中同时含有油相、水相,可以包容不同脂溶性的药物;微乳中大量表面活性物质的存在可增加某些水难溶性药物及某些大分子药物的溶解度;微乳的粒径细小且均匀,有利于药物在人体内的吸收,提高药物的生物利用度。

三、仪器药品

超声波细胞粉碎仪 1 台,高剪切分散乳化机 1 台,高速台式离心机 1 台,双目显微镜(带目镜测微尺)1 台,电导率仪 1 台,台秤 1 台,50 mL 烧杯 2 个,25 mL 具塞量筒 3 个,1 mL 吸量管 1 根,10 mL 吸量管 2 根,小试管 10 根,离心管 3 根,电热套 1 个,温度计 1 根,洗耳球 1 个。

液体石蜡,Span 80,Tween 80,5 g·L^{-1}明胶溶液,1 g·L^{-1} NaCl 溶液,4 mol·L^{-1} HCl溶液,异戊醇,亚甲基蓝溶液,苏丹Ⅲ溶液,卵磷脂,无水乙醇,十四酸异丙酯。

四、实验步骤

1. 乳状液的制备

(1)手摇法　将各物质加入具塞量筒中,手摇振荡制备乳状液。

(2)剪切法　将各物质加入烧杯中,置于高剪切分散乳化机中乳化3 min。

(3)粉碎法　将各物质加入烧杯中,置于超声波细胞粉碎仪中乳化3 s×10次。

表 3-14-1　两种乳状液的配方组成

	液体石蜡/mL	Span 80/g	Tween 80/g	明胶溶液/mL	NaCl 溶液/mL
配方 1	8.0	2.0	—	0.5	9.5
配方 2	8.0	—	2.0	0.5	9.5

2. 乳状液的稳定性考察

分别取上述制备的 6 种乳状液各 1 mL 于高速离心机中,以 4000 rpm 离心 5 次,每次 1 min,比较各种乳状液的稳定性。

3. 乳状液的粒径测定

分别取上述 6 种乳状液少许置载玻片上,加盖玻片后,在 400 倍显微镜下观察,用目镜测微尺测定各种乳状液的平均粒径和最大粒径。

4. 乳状液的破乳比较

(1)分别取上述 6 种乳状液各 2 mL,逐滴加入 HCl,振摇试管,比较破乳所需 HCl 体积。

(2)分别取上述 6 种乳状液各 2 mL,逐滴加入异戊醇,振摇试管,比较破乳所需异戊醇体积。

(3)分别取上述 6 种乳状液各 2 mL,恒温水浴加热,比较破乳所需时间。

5. 乳状液的类型鉴别

(1)玻璃棒分别蘸取粉碎法制备的 2 种乳状液少许于水中,轻轻搅拌,观察现象。分别取乳状液少许于液体石蜡中,搅拌观察。

(2)取剪切法制备的 2 种乳状液各 2 mL 于试管中,加入苏丹Ⅲ溶液 2 滴摇匀。取染色后的乳状液少许置载玻片上,加盖玻片后,显微镜下观察。重复上述操作,改用亚甲基蓝溶液染色后,显微镜下观察。

(3)取手摇法制备的 2 种乳状液各 5 mL 于试管中,测其电导率。

6. 复乳制备

取配方 1 粉碎法制备的乳状液 10 mL 置于干燥的具塞量筒中,缓缓注入溶有 1 g Tween 80 的水溶液 10 mL,稍加振摇得 W/O/W 型复乳。400 倍显微镜下观察,与原乳状液比较。

7. 微乳制备

逐滴往卵磷脂—乙醇—十四酸异丙酯混合液(分别为 1.95 g、1.3 g、1 g)中加入 0.75 mL 水,边滴边振摇观察。

五、数据处理

1. 记录各种乳状液的类型、稳定性及粒径测定结果（平均粒径和最大粒径），并分析结果。

2. 记录各种乳状液的破乳实验结果，并分析结果。

3. 记录复乳、微乳制备的现象，显微镜下观察结果。

六、实验指导

1. 预习要求

(1)熟悉乳状液、复乳、微乳形成的基本原理，预习乳化技术、离心技术，熟悉乳化、离心相关仪器的使用。

(2)预习乳状液的制备、类型鉴别、稳定性考察及破乳的方法。

(3)复习显微镜的使用，熟悉目镜测微尺的使用方法。

2. 注意事项

(1)超声波细胞粉碎仪严禁空载开机，注意选择合适的超声功率。变幅杆末端严禁与容器接触，距液面需大于 30 mm,距容器底部不少于 10 mm。由于超声波的空化效应会使液体温度很快升高，为防止温度变化对乳状液的破坏，可采用短时间多次破碎，在两次破碎之间设定合适的间隙时间，或置于冰水浴中冷却。

(2)高剪切分散乳化机严禁空机运转。工作头距液面需大于 25 mm,距容器底部不少于 10 mm,可略偏心放置，或缓慢移动容器改变工作头位置。工作时从最低转速起慢慢调高，关机则需慢慢调低转速，待机器完全静止后关闭电源，移走容器。实验结束后，工作头以中速在含适量清洗剂的水中运转 5 min,再以蒸馏水洗净擦干，套上专用套管保护。

(3)高速离心机使用前，确保离心管严格平衡后方能开机，离心时不得随意打开盖子，待机器完全停止运转方可开盖取出离心管，离心结束后所有参数需归零。

3. 思考题

(1)影响乳状液的类型、稳定性的因素有哪些？

(2)分析配方中各组分的作用。

(3)分析比较本实验制备的 6 种乳状液的平均粒径大小。

（张倩）

实验十四　药物稳定性研究及贮存期预测(设计实验)

一、实验目的

1. 熟悉实验设计的一般方法,培养独立思考、独立设计的能力;

2. 熟悉化学药物稳定性研究的一般原则,掌握化学反应动力学预测药物贮存期的原理和方法;

3. 熟悉模型药物金霉素的结构特点、影响其稳定性的因素及金霉素药物含量的测定方法;

4. 设计恒温加速实验预测常温下金霉素的贮存期。

二、设计背景

药物稳定性是指其保持物理、化学、生物学和微生物学特性的能力。药物稳定性贯穿药物研发全过程,始于药物研发的初期,在药物临床研究期间和上市后还应继续进行稳定性研究。稳定性研究是药物质量控制研究的主要内容之一,与药物质量研究和质量标准的建立紧密相关,其目的是考察药物的性质在温度、湿度、光线等条件的影响下随时间变化的规律。我国《化学药物稳定性研究技术指导原则(2005)》中详细规定了样品的考察项目、考察内容以及试验方法,为药物的生产、包装、贮存及运输条件、有效期的确定提供科学依据,保障了药物使用的安全有效性。

药物稳定性研究的加速试验法是在超常条件下进行,目的是通过加快药物的化学或物理变化考察药物的稳定性,对药物在运输、贮存过程中可能会遇到的短暂的超常条件下的稳定性进行模拟考察,并初步预测样品在规定的贮存条件下的长期稳定性,预测药物的贮存期。

恒温加速实验预测药物贮存期是应用化学动力学原理,在较高温度下使药物的降解反应加速进行,经数学处理后外推得出药物在常温下的贮存期。本实验的模型药物金霉素在酸性溶液中发生的脱水反应在一定时间范围内属一级反应,测定不同温度时该反应的速率系数,用阿仑尼乌斯经验公式处理可得常温下的反应速率系数,从而可计算出常温下金霉素的贮存期。

三、设计提示

1. 药物选择:盐酸金霉素;研究方法:恒温加速实验。

2. 进入学校数字图书馆查阅相关文献,了解金霉素药物的结构、性质及影响其稳定性的因素,了解他人研究金霉素稳定性的方法。文献查阅可使用以下主题或关键词:四环素、金霉素、稳定性、贮存期、有效期、经典恒温法、加速试验法、分光光度法、紫外光谱法等。

3. 选择合适的实验方法,充分考虑物理化学实验室的条件、实验时间限制、同学间协作的方便与否等因素,每个实验组按要求拟定一份设计方案,在指导教师修改完善后,确定为本实验组的实验预案。

四、实验流程

1. 实验两周前需确定实验预案,交指导老师审核。没有及时完成实验设计的同学不能进入实验室进行下一步工作。

2. 实验一周前根据本组预案准备仪器、药品,初步预实验后分析存在的问题和需要改进、调整的内容,向指导老师汇报。

3. 恒温加速实验需要测定数据多,工作量大,耗时长,可能需要整个实验班共同完成。分析比较全班各组的实验设计,经广泛讨论并得到指导老师签字同意,最终确定为本实验班的最佳实验方案。

4. 按照实验设计方案和操作步骤认真进行正式实验,作好各项原始记录。实验结束后,每位同学独立完成实验数据的整理分析,按照要求撰写报告。

（张倩）

第四部分 附 录

表 4-1 常用的物理常数

常数	符号	数值	SI 单位	常数	符号	数值	SI 单位
重力加速度	g	9.80665	$m \cdot s^{-2}$	质子静质量	m_p	1.672621637(83)	$10^{-27} kg$
光速	c_0	2.99792458	$10^8 m \cdot s^{-1}$	玻尔半径	a_0	5.2917720859(36)	$10^{-11} m$
普朗克常数	h	6.62606896(33)	$10^{-34} J \cdot s^{-1}$	玻尔磁子	μ_B	9.27400915(23)	$10^{-24} J \cdot T^{-1}$
玻耳兹曼常数	k	1.3806504(24)	$10^{-23} J \cdot K^{-1}$	核磁子	μ_N	5.05078324(13)	$10^{-27} J \cdot T^{-1}$
阿伏伽德罗常数	N_A	6.02214179(30)	$10^{23} mol^{-1}$	理想气体摩尔体积	V_m	22.413996(39)*	$L \cdot mol^{-1}$
法拉第常数	F	96485.3399(24)	$C \cdot mol^{-1}$	气体常数	R	8.314472(15)	$J \cdot mol^{-1} \cdot K^{-1}$
元电荷	e	1.602176487(40)	$10^{-19} C$	水的冰点	T_f	273.15	K
电子静质量	m_e	9.10938215(45)	$10^{-31} kg$	水的三相点	T_{tr}	273.16	K

* $T = 273.15$ K, $p = 101.325$ kPa。

表 4-2 水的饱和蒸气压

$t/℃$	p/Pa	$t/℃$	p/Pa	$t/℃$	p/Pa	$t/℃$	p/Pa
−15	191.5	24	2983.34	53	14292	82	51315
−10	286.5	25	3167.2	54	15000	83	53408
−5	421.7	26	3360.91	55	15737	84	55568
−1	527.4	27	3564.9	56	16505	85	57808
−0	567.7	28	3779.5	57	17308	86	60114
0	610.5	29	4005.4	58	18142	87	62488

续表

$t/℃$	p/Pa	$t/℃$	p/Pa	$t/℃$	p/Pa	$t/℃$	p/Pa
1	656.7	30	4242.8	59	19012	88	64941
2	705.8	31	4492.38	60	19916	89	67474
3	757.9	32	4754.7	61	20856	90	70095
4	813.4	33	5053.1	62	21834	91	72800
5	872.3	34	5319.38	63	22849	92	75592
6	935.0	35	5489.5	64	23906	93	78473
7	1001.6	36	5941.2	65	25003	94	81338
8	1072.6	37	6275.1	66	26143	95	84513
9	1147.8	38	6625.0	67	27326	96	87675
10	1228	39	6986.3	68	28554	97	90935
11	1312	40	7375.9	69	29828	98	94295
12	1402.3	41	7778	70	31157	99	97770
13	1497.3	42	8199	71	32517	100	101324
14	1598.1	43	8639	72	33943	101	104734
15	1704.9	44	9101	73	35423	102	108732
16	1817.7	45	9583.2	74	36956	103	112673
17	1937.2	46	10086	75	38543	104	116665
18	2063.4	47	10612	76	40183	105	120799
19	2196.74	48	11163	77	41916	106	125045
20	2337.8	49	11735	78	43636	110	143263
21	2486.6	50	12333	79	45462	115	169049
22	2643.47	51	12959	80	47342	120	198535
23	2808.82	52	13611	81	49289	125	232104

表 4-3 汞的饱和蒸气压

$t/℃$	$p/mmHg$	p/Pa	$t/℃$	$p/mmHg$	p/Pa	$t/℃$	$p/mmHg$	p/Pa
0	0.000185	0.0247	60	0.02524	3.365	200	17.287	2304.7
10	0.000490	0.0653	70	0.04.825	6.433	250	74.375	9915.9
20	0.001201	0.1601	80	0.08880	11.839	300	246.80	32904
30	0.002777	0.3702	90	0.1582	21.09	350	672.69	89685
40	0.006079	0.8105	100	0.2729	36.38	400	1574.1	209863
50	0.01267	1.689	150	0.2807	37.42			

表 4-4 常见液体的饱和蒸气压*

单位:mmHg

化合物	25 ℃时蒸气压	温度范围/℃	A	B	C
丙酮	230.05	liq	7.11714	1210.595	229.664
苯	95.18	8～103	6.90565	1211.033	220.790
甲苯	28.45	6～137	6.95464	1344.800	219.48
甲醇	126.40	−14～65	7.89750	1474.08	229.13
		64～110	7.97328	1515.14	232.85
乙醇	56.31	−2～100	8.32109	1718.10	237.52
醋酸	15.59	0～36	7.80307	1651.2	225
		36～170	7.18807	1416.7	211
乙酸乙酯	94.29	−20～150	7.09808	1238.71	217.0
环己烷		−20～142	6.84498	1203.526	222.86

* 表中所列为各物质蒸气压的计算式 $\lg p = A - B/(C+t)$ 中的三个常数，p 单位为 mmHg，t 单位为℃。

压力换算关系：1 mmHg=133.32 Pa。

表 4-5　常见离子的极限摩尔电导率

25 ℃，×10^{-4} S·m^2·mol^{-1}

阳离子	Λ_m^∞	阳离子	Λ_m^∞	阴离子	Λ_m^∞	阴离子	Λ_m^∞
H^+	349.65	$\frac{1}{2}Zn^{2+}$	52.8	OH^-	198	CN^-	78
Li^+	38.66	$\frac{1}{3}Al^{3+}$	61	F^-	55.4	$\frac{1}{2}CO_3^{2-}$	69.3
Na^+	50.08	$\frac{1}{2}Mg^{2+}$	53.1	Cl^-	76.31	HCO_3^-	44.5
K^+	73.48	$\frac{1}{2}Fe^{2+}$	54	Br^-	78.1	SO_3^{2-}	79.9
NH_4^+	73.5	$\frac{1}{3}Fe^{3+}$	68	I^-	76.8	HSO_3^-	50
Ag^+	61.9	$\frac{1}{3}Cr^{3+}$	67	NO_3^-	71.42	$\frac{1}{2}SO_4^{2-}$	80.0
$\frac{1}{2}Ca^{2+}$	59.47	$\frac{1}{2}Co^{2+}$	53	Ac^-	40.9	HSO_4^-	50
$\frac{1}{2}Cu^{2+}$	53.6	$\frac{1}{2}Mn^{2+}$	53.5	ClO_4^-	67.3	$\frac{1}{3}PO_4^{3-}$	92.8

表 4-6　常见电解质水溶液的摩尔电导率

25 ℃，×10^{-4} S·m^2·mol^{-1}

$c/(mol·L^{-1})$	HCl	HBr	HI	KCl	NaCl	NaOH	NaAc	$\frac{1}{2}CuSO_4$
0.0001	424.5	425.9	424.6	149.86	126.45	247.8	91.0	133.6
0.0005	422.6	424.3	423.0	147.81	124.50	245.6	89.2	121.6
0.001	421.2	422.9	421.7	146.95	123.74	244.7	88.5	115.26
0.005	415.7	417.6	416.4	143.35	120.65	240.8	85.72	94.07
0.01	411.9	413.7	412.2	141.27	11851	238.0	83.76	83.12
0.05	398.9	400.4	400.8	133.37	111.06		76.92	59.05
0.10	391.1	391.9	394.0	128.96	106.74		72.8	50.58

表 4-7 KCl 水溶液*的电导率

单位:S・m^{-1}

$t/℃$	$c/(mol・L^{-1})$				$t/℃$	$c/(mol・L^{-1})$			
	1.000	0.1000	0.0200	0.0100		1.000	0.1000	0.0200	0.0100
0		0.715	0.1521	0.0776	18	9.822	1.119	0.2397	0.1225
1		0.736	0.1566	0.0800	19	10.014	1.143	0.2449	0.1251
2		0.757	0.1612	0.0824	20	10.207	1.167	0.2501	0.1278
3		0.779	0.1659	0.0848	21	10.400	1.191	0.2553	0.1305
4		0.800	0.1705	0.0872	22	10.594	1.215	0.2606	0.1332
5		0.822	0.1752	0.0896	23	10.789	1.239	0.2659	0.1359
6		0.844	0.1800	0.0921	24	10.984	1.264	0.2712	0.1386
7		0.866	0.1848	0.0945	25	11.180	1.288	0.2765	0.1413
8		0.888	0.1896	o.0970	26	11.377	1.313	0.2819	0.1441
9		0.911	0.1945	0.0995	27	11.574	1.337	0.2873	0.1468
10		0.933	0.1994	0.1020	28		1.362	0.2927	0.1496
11		0.956	0.2043	0.1045	29		1.387	0.2981	0.1524
12		0.979	0.2093	0.1070	30		1.412	0.3036	0.1552
13		1.002	0.2142	0.1095	31		1.437	0.3091	0.1584
14		1.025	0.2193	0.1121	32		1.462	0.3146	0.1609
15	9.252	1.048	0.2243	0.1147	33		1.488	0.3201	0.1638
16	9.441	1.072	0.2294	0.1173	34		1.513	0.3256	0.1667
17	9.631	1.095	0.2345	0.1199	35		1.539	0.3312	

* KCl 固体于 110 ℃下恒重 4 h,精密称取 74.55 g,溶于电导率低于 1 μS・cm^{-1} 的 18 ℃水中,稀释到 1 L,其浓度为 1.000 mol・L^{-1},密度为 1.0449 g・mL^{-1}。再分别用稀释法配制 0.1000、0.0200、0.0100 mol・L^{-1}稀溶液。

表 4-8　水的密度

单位:kg·m⁻³

t/℃	0	0.1	0.2	0.3	0.4	0.5	0.6	0.7	0.8	0.9
0	999.84	999.846	999.853	999.859	999.865	999.871	999.877	999.883	999.888	999.893
1	999.898	999.904	999.908	999.913	999.917	999.921	999.925	999.929	999.933	999.937
2	999.94	999.943	999.946	999.949	999.952	999.954	999.956	999.959	999.961	999.962
3	999.964	999.966	999.967	999.968	999.969	999.970	999.971	999.971	999.972	999.972
4	999.972	999.972	999.972	999.971	999.971	999.970	999.969	999.968	999.967	999.965
5	999.964	999.962	999.960	999.958	999.956	999.954	999.951	999.949	999.946	999.943
6	999.94	999.937	999.934	999.930	999.926	999.923	999.919	999.915	999.910	999.906
7	999.901	999.897	999.892	999.887	999.882	999.877	999.871	999.866	999.880	999.854
8	999.848	999.842	999.836	999.829	999.823	999.816	999.809	999.802	999.795	999.788
9	999.781	999.773	999.765	999.758	999.750	999.742	999.734	999.725	999.717	999.708
10	999.699	999.691	999.682	999.672	999.663	999.654	999.644	999.634	999.625	999.615
11	999.605	999.595	999.584	999.574	999.563	999.553	999.542	999.531	999.520	999.508
12	999.497	999.486	999.474	999.462	999.450	999.439	999.426	999.414	999.402	999.389
13	999.377	999.384	999.351	999.338	999.325	999.312	999.299	999.285	999.271	999.258
14	999.244	999.230	999.216	999.202	999.187	999.173	999.158	999.144	999.129	999.114
15	999.099	999.084	999.069	999.053	999.038	999.022	999.006	998.991	998.975	998.959
16	998.943	998.926	998.910	998.893	998.876	998.860	998.843	998.826	998.809	998.792
17	998.774	998.757	998.739	998.722	998.704	998.686	998.668	998.650	998.632	998.613
18	998.595	998.576	998.557	998.539	998.520	998.501	998.482	998.463	998.443	998.424
19	998.404	998.385	998.365	998.345	998.325	998.305	998.285	998.265	998.244	998.224
20	998.203	998.182	998.162	998.141	998.120	998.099	998.077	998.056	998.035	998.013
21	997.991	997.970	997.948	997.926	997.904	997.882	997.859	997.837	997.815	997.792
22	997.769	997.747	997.724	997.701	997.678	997.655	997.631	997.608	997.584	997.561
23	997.537	997.513	997.490	997.466	997.442	997.417	997.393	997.396	997.344	997.320
24	997.295	997.270	997.246	997.221	997.195	997.170	997.145	997.120	997.094	997.069
25	997.043	997.018	996.992	996.966	996.940	996.914	996.888	996.861	996.835	996.809
26	996.782	996.755	996.729	996.702	996.675	996.648	996.621	996.594	996.566	996.539
27	996.511	996.484	996.456	996.428	996.401	996.373	996.344	996.316	996.288	996.260
28	996.231	996.203	996.174	996.146	996.117	996.088	996.059	996.030	996.001	996.972
29	995.943	995.913	995.884	995.854	995.825	995.795	995.765	995.753	995.705	995.675

续表

t/℃	0	0.1	0.2	0.3	0.4	0.5	0.6	0.7	0.8	0.9
30	995.645	995.615	995.584	995.554	995.523	995.493	995.462	995.431	995.401	995.370
31	995.339	995.307	995.276	995.245	995.214	995.182	995.151	995.119	995.087	995.055
32	995.024	994.992	994.960	994.927	994.895	994.863	994.831	994.798	994.766	994.733
33	994.700	994.667	994.635	994.602	994.569	994.535	994.502	994.469	994.436	994.402
34	994.369	994.335	994.301	994.267	994.234	994.200	994.166	994.132	994.098	994.063
35	994.029	993.994	993.960	993.925	993.891	993.856	993.821	993.786	993.751	993.716
36	993.681	993.646	993.610	993.575	993.54	993.504	993.469	993.433	993.397	993.361
37	993.325	993.28	993.253	993.217	993.181	993.144	993.108	993.072	993.035	992.999
38	992.962	992.925	992.888	992.851	992.814	992.777	992.74	992.703	992.665	992.628
39	992.591	992.553	992.516	992.478	992.44	992.402	992.364	992.326	992.288	992.25
t/℃	0	1	2	3	4	5	6	7	8	9
40	992.212	991.826	991.432	991.031	990.623	990.208	989.786	987.358	988.922	988.479
50	988.030	987.575	987.113	986.644	986.169	985.688	985.201	984.707	984.208	983.702
60	983.191	982.673	982.150	981.621	981.086	980.546	979.999	979.448	978.890	978.327
70	977.759	977.185	976.606	976.022	975.432	974.837	974.237	973.632	973.021	972.405
80	971.785	971.159	970.528	969.892	969.252	968.606	967.955	967.300	966.639	965.974
90	965.304	964.630	963.950	963.266	962.577	961.883	961.185	960.482	959.774	959.062
100	958.345									

表 4-9　水的表面张力

单位：×10⁻³ N·m⁻¹

t/℃	σ	t/℃	σ	t/℃	σ	t/℃	σ
0	75.64	17	73.19	25	71.97	45	68.74
10	74.23	18	73.05	26	71.82	50	67.94
11	74.07	19	72.90	27	71.66	55	67.05
12	73.93	20	72.75	28	71.50	60	66.24
13	73.78	21	72.59	29	71.35	70	64.47
14	73.64	22	72.44	30	71.20	80	62.67
15	73.49	23	72.28	35	70.38	90	60.82
16	73.34	24	72.13	40	69.60	100	58.91

表 4-10　水的黏度

单位：$\times 10^{-3}$ Pa $\cdot$ s

$t/℃$	η	$t/℃$	η	$t/℃$	η	$t/℃$	η
0	1.787	26	0.8705	52	0.5290	78	0.3638
1	1.728	27	0.8513	53	0.5204	79	0.3592
2	1.671	28	0.8327	54	0.5121	80	0.3547
3	1.618	29	0.8148	55	0.5040	81	0.3503
4	1.567	30	0.7975	56	0.4961	82	0.3460
5	1.519	31	0.7808	57	0.4884	83	0.3418
6	1.472	32	0.7647	58	0.4809	84	0.3377
7	1.428	33	0.7491	59	0.4736	84	0.3337
8	1.386	34	0.7340	60	0.4665	86	0.3297
9	1.346	35	0.7194	61	0.4596	87	0.3259
10	1.307	36	0.7052	62	0.4528	88	0.3221
11	1.271	37	0.6915	63	0.4462	89	0.3184
12	1.235	38	0.6783	64	0.4398	90	0.3147
13	1.202	39	0.6654	65	0.4335	91	0.3111
14	1.169	40	0.6529	66	0.4273	92	0.3076
15	1.139	41	0.6408	67	0.4213	93	0.3042
16	1.109	42	0.6291	68	0.4155	94	0.3008
17	1.081	43	0.6178	69	0.4098	95	0.2975
18	1.053	44	0.6067	70	0.4042	96	0.2942
19	1.027	45	0.5960	71	0.3987	97	0.2911
20	1.002	46	0.5856	72	0.3934	98	0.2879
21	0.9779	47	0.5755	73	0.3882	99	0.2848
22	0.9548	48	0.5656	74	0.3831	100	0.2818
23	0.9325	49	0.5561	75	0.3781		
24	0.9111	50	0.5468	76	0.3732		
25	0.8904	51	0.5378	77	0.3684		

表 4-11　常见液体的黏度

单位：$\times 10^{-3}$ Pa·s

物质	$t/℃$	η	物质	$t/℃$	η
甲醇	0	0.82	丙酮	0	0.399
	15	0.623		15	0.337
	20	0.597		25	0.316
	25	0.547		30	0.295
	30	0.510		41	280
	40	0.456	醋酸	15	1.31
	50	0.403		18	1.30
乙醇	0	1.733		25.2	1.155
	10	1.466		30	1.04
	20	1.200		41	1.00
	30	1.003		59	0.70
	40	0.834		70	0.60
	50	0.702		100	0.43
	60	0.592	苯	0	0.912
	70	0.504		10	0.758
甲苯	0	0.772		20	0.652
	17	0.610		30	0.564
	20	0.590		40	0.503
	30	0.526		50	0.442
	40	0.471		60	0.392
	70	0.354		70	0.358
乙苯	17	0.691		80	0.329

表 4-12　水的折射率

$t/℃$	n_D	$t/℃$	n_D	$t/℃$	n_D	$t/℃$	n_D
5	1.33388	16	1.33332	23	1.33271	30	1.33194
10	1.33369	17	1.33324	24	1.33261	35	1.33131
11	1.33363	18	1.33316	25	1.33250	40	1.33061
12	1.33359	19	1.33307	26	1.33240	45	1.32985
13	1.33353	20	1.33300	27	1.33229	50	1.32904
14	1.33346	21	1.33290	28	1.33217	55	1.32817
15	1.33339	22	1.33280	29	1.33206	60	1.32725

表 4-13　常见液体的折射率(25 ℃)

物质	n_D	物质	n_D	物质	n_D	物质	n_D
甲醇	1.326	乙酸乙酯	1.370	四氯化碳	1.459	苯乙烯	1.545
乙醚	1.352	正己烷	1.372	乙苯	1.493	溴苯	1.557
丙酮	1.357	正丁醇	1.397	甲苯	1.494	苯胺	1.583
乙醇	1.359	氯仿	1.444	苯	1.498	溴仿	1.587

表 4-14　水的相对介电常数

$t/℃$	ε_r	$t/℃$	ε_r	$t/℃$	ε_r	$t/℃$	ε_r
5	85.76	24	78.65	35	74.83	70	63.86
10	83.83	25	78.30	40	73.15	75	62.43
15	81.95	26	77.94	45	71.51	80	61.03
20	80.10	27	77.60	50	69.91	85	59.66
21	79.73	28	77.24	55	68.35	90	58.32
22	79.38	29	76.90	60	66.82	95	57.01
23	79.02	30	76.55	65	65.32	100	55.12

表 4-15 常见有机化合物的燃烧热(25 ℃、101.325 kPa 时测定)

单位:kJ·mol^{-1}

物质		$-\Delta H^{\ominus}$	物质		$-\Delta H^{\ominus}$	物质		$-\Delta H^{\ominus}$
$CH_4(g)$	甲烷	890.31	$CH_3OH(l)$	甲醇	726.51	$C_6H_5COOH(s)$	苯甲酸	3226.9
$C_2H_6(g)$	乙烷	1559.8	$C_2H_5OH(l)$	乙醇	1366.8	$(CH_3CO)_2O(l)$	乙酸酐	1806.2
$C_3H_8(g)$	丙烷	2219.9	$C_3H_7OH(l)$	正丙醇	2019.8	$HCOOCH_3(l)$	甲酸甲酯	979.5
$C_5H_{12}(g)$	正戊烷	3536.1	$C_4H_9OH(l)$	正丁醇	2675.8	$C_6H_5COOCH_3(l)$	苯甲酸甲酯	3957.6
$C_6H_{14}(l)$	正己烷	4163.1	$HCHO(g)$	甲醛	570.78	$(C_2H_6)_2O(l)$	二乙醚	2751.1
$C_3H_6(g)$	环丙烷	2091.5	$CH_3CHO(l)$	乙醛	1166.4	$(CH_3)_2CO(l)$	丙酮	1790.4
$C_4H_8(l)$	环丁烷	2720.5	$C_2H_5CHO(l)$	丙醛	1816.3	$C_6H_5OH(s)$	苯酚	3053.5
$C_5H_{10}(l)$	环戊烷	3290.9	$C_6H_5CHO(l)$	苯甲醛	3527.9	$CH_3NH_2(l)$	甲胺	1060.6
$C_6H_{12}(l)$	环己烷	3919.9	$HCOOH(l)$	甲酸	254.6	$C_2H_5NH_2(l)$	乙胺	1713.3
$C_2H_4(g)$	乙烯	1411.0	$CH_3COOH(l)$	乙酸	874.54	$(NH_2)_2CO(s)$	尿素	631.66
$C_2H_2(g)$	乙炔	1299.6	$C_2H_5COOH(l)$	丙酸	1527.3	$C_2H_5N(l)$	吡啶	2782.4
$C_6H_6(l)$	苯	3267.5	$C_3H_7COOH(l)$	正丁酸	2183.5	$C_{12}H_{22}O_{11}(s)$	蔗糖	5640.9
$C_{10}H_8(g)$	萘	5153.9	$CH_2CHCOOH(l)$	丙烯酸	1368.2			

表 4-16 常见溶胶的电动电势(水为分散介质)

分散相	ζ/mV	分散相	ζ/mV	分散相	ζ/mV	分散相	ζ/mV
As_2S_3	-32	Ag	-34	Bi	16	Fe	28
Au	-32	SiO_2	-44	Pb	18	$Fe(OH)_3$	44

参考文献

[1]詹先成.物理化学.北京:高等教育出版社,2008

[2]徐开俊.物理化学实验与指导.北京:中国医药科技出版社,2009

[3]孙尔康.物理化学实验.南京:南京出版社,1998

[4]曾慧慧.现代实验化学.北京:北京大学医学出版社,2004

[5]姜忠良.温度的测量与控制.北京:清华大学出版社,2005

[6]崔黎丽.物理化学实验指导.北京:人民卫生出版社,2011

[7]周传佩.物理化学实验.北京:中国医药科技出版社,2001

[8]高兰玲.化学实验技术(下).北京:中国石化出版社,2008

[9]尹业平.物理化学实验.北京:科学出版社,2006

[10]崔福德.药剂学.北京:人民卫生出版社,2007

[11]陆彬.药物新剂型与新技术.北京:人民卫生出版社,1998

[12]David R. Lide. *CRC Handbook of Chemistry and Physics*(90th Edition). CRC Press LLC,2010

[13]James G. Speight. *Lange's Handbook of Chemistry*(16th Edition). The McGRAW-HILL Companies,2005